机械制造与自动化应用探索

刘冬梅　黄　娜　孙颖慧◎著

 中国商务出版社

·北京·

图书在版编目（CIP）数据

机械制造与自动化应用探索 / 刘冬梅，黄娜，孙颖慧著 . -- 北京 : 中国商务出版社，2024.8. -- ISBN 978-7-5103-5370-3

Ⅰ . TH164

中国国家版本馆 CIP 数据核字第 2024BB0559 号

机械制造与自动化应用探索

刘冬梅　黄　娜　孙颖慧　著

出版发行：中国商务出版社有限公司

地　　址：北京市东城区安定门外大街东后巷 28 号　　邮　　编：100710

网　　址：http://www.cctpress.com

联系电话：010—64515150（发行部）　010—64212247（总编室）
　　　　　　010—64515164（事业部）　010—64248236（印制部）

责任编辑：杨　晨

排　　版：北京盛世达儒文化传媒有限公司

印　　刷：星空印易（北京）文化有限公司

开　　本：710 毫米 × 1000 毫米　　1/16

印　　张：14.25　　　　　　　　　　字　　数：223 千字

版　　次：2024 年 8 月第 1 版　　　　印　　次：2024 年 8 月第 1 次印刷

书　　号：ISBN 978-7-5103-5370-3

定　　价：79.00 元

前　言

社会科技的快速发展推动我国工业发展进程不断加快，我国机械制造和自动化的水平得到显著提升。在实际的工业生产当中有效地应用机械制造和自动化技术，不仅能够全面提升整体的生产效率和生产质量，也能最大限度地降低生产成本。因机械制造与自动化技术在提高生产效率、降低成本等方面存在优势，其他行业纷纷将其引入实际的生产和管理过程，从而极大促进了社会生活和生产的自动化和科技化。

在社会经济发展的过程中，机械制造与自动化不仅与工业生产有着密切的联系，还为人们的生活提供了许多便利。因此，加强对机械制造技术的研发，全面提升机械自动化技术的应用效率十分必要。

本书主要讲述了机械制造与自动化应用，首先对机械制造自动化的基本概念、内容以及主要类型进行了深入解读，对机械制造自动化的途径以及自动化系统进行了分析探讨，并且多维度分析了电气自动化控制技术，如电气自动化控制系统的设计及分析、电气自动化控制技术的发展与应用、电气自动化控制的创新技术与应用等，从加工工艺及方案自动化、加工设备自动化等角度分析探究了自动化技术的应用领域以及具体实践，对机械自动化创新技术与应用进行了深入分析。本书以全面、实用和可操作为宗旨，力求能为相关工作人员提供一定的参考。

在编写过程中，为提升本书的学术性与严谨性，作者参阅了大量的文献资料，引用了一些同行前辈的研究成果，因篇幅有限，不能一一列举，在此一并表示最诚挚的感谢。

由于机械制造与自动化应用研究涉及的范围比较广，需要探索的层面比较深，本书难免存在一些不足，对某些问题的研究不透彻，希望读者给予理解与指教。

作　者

2024.2

目　录

第一章

机械制造概述

第一节　机械制造概说

一、机械制造与制造业

（一）机械制造的含义

机械是现代社会进行生产和服务的六大要素（人、资金、能量、信息、材料和机械）之一，并且能量和材料的生产还必须有机械的直接参与。机械是机器设备和工具的总称，它影响着现代社会各行各业、各个角落，任何现代产业和工程领域都需要应用机械。农民种地要靠农业工具和农机，纺纱需要纺织机械，压缩饼干、面包等食品需要食品机械，炼钢需要炼钢设备，发电需要发电机械，交通运输业需要各种车辆、船舶、飞机等；各种商品的计量、包装、存储、装卸需要各种工作机械，就连人们的日常生活，也离不开机械，如汽车、手机、照相机、电冰箱、钟表、洗衣机、吸尘器、多功能按摩器、跑步机、电视机、计算机，等等。总之，机械已渗透社会生产生活的方方面面，人们与机械须臾不可分离。

大家都知道，而且也都能够体会到机械的重要性。但这些机械是哪里来的？当然不是从天上掉下来的，而是人们凭借聪明才智制造生产出来的。"机械制造"

也就是"制造机械"，这就是制造的最根本的任务。因此，广义的机械制造就是指围绕机械产出的一切活动，即利用制造资源（设计方法、工艺、设备、工具和人力等）将材料"转变"成具有一定功能的、能够为人类服务的有用物品的全过程和一切活动。显然，"机械制造"是一个很大的概念，是一门内容广泛的知识学科和技术，而传统的机械制造则泛指机械零件和零件毛坯的金属切削加工（车、铣、刨、磨、钻、镗、线切割等加工）、无切削加工（铸造、锻压、焊接、热处理、冲压成形、挤压成形、激光加工、超声波加工、电化学加工等）和零件的装配成机。

制造业是通过一定的制造方法和生产过程，将制造资源（物料、能源、设备、工具、资金、技术、信息、人力等）转化为可供人们使用和利用的工业品与生活消费品的行业，是国民经济的支柱产业。

制造系统是制造业的基本组成，是由制造过程、硬件、软件和相关人员组成的具有特定功能的一个有机整体。

机械是制造出来的，各行各业的机械设备不同、种类繁多，因此机械制造的涉及面非常广，冶金、建筑、水利、机械、电子、信息、运载和农业等各个行业都要有制造业的支持，冶金行业需要冶炼、轧制设备；建筑行业需要塔吊、挖掘机和推土机等工程机械。制造业在我国一直占据重要地位，在20世纪50年代，机械工业就被分为通用、核能、航空、电子、兵器、船舶、航天和农业等八个部门。进入21世纪，世界发生了广泛而深刻的变化，带动机械制造业也发生了翻天覆地的变化。但是，不管世界如何变化，机械制造业一直是国民经济的基础产业，它的发展直接影响到国民经济各部门的发展。

（二）机械制造生产过程

在机械制造厂，产品从原材料到成品的制造过程称为生产过程。它包括原材料的运输和存储、生产准备工作、毛坯的制造、零件的加工与热处理、部件和整机的装配、机器的检验调试以及油漆和包装等。一个工厂的生产过程，又可细分为各个车间的生产过程。一个车间生产的成品，往往又是另一车间的原材料。

例如铸造车间的成品（铸件）就是机械加工车间的"毛坯"，而机械加工车间的成品又是装配车间的原材料。

在生产过程中，直接改变毛坯的形状、尺寸和材料性能使其成为成品或半成品的过程称为工艺过程。它包括毛坯的制造、热处理、机械加工和产品的装配。把工艺过程的有关内容用文字、表格的形式写成工艺文件，称为机械加工工艺规程，简称为工艺规程。

由原材料经浇铸、锻造、冲压或焊接而成为铸件、锻件、冲压件或焊接件的过程，分别称为铸造、锻造、冲压或焊接工艺过程。采用一定加工方法，改变铸、锻件毛坯或钢材的形状、尺寸、表面质量，使其成为合格零件的过程，称为机械加工工艺过程。在热处理车间，采用各种热处理方法，改变机器零件的半成品的材料性质的过程，称为热处理工艺过程。最后，将合格的机器零件、外购件和标准件装配成组件、部件和机器的过程，则称为装配工艺过程。

其中，制定机械加工工艺规程在整个生产过程中非常重要。工艺规程不仅是指导生产的主要技术文件，而且是生产、组织和管理工作的基本依据，在新建或扩建工厂或车间时，工艺规程是基本的资料。只有具备产品图纸、生产纲领、现场加工设备及生产条件等原始资料，并由生产纲领确定了生产类型和生产组织形式之后，才可着手机械加工工艺规程的制定，其内容和顺序如下：①分析被加工零件。②选择毛坯：制造机械零件的毛坯一般有铸件、锻件、型材、焊接件等。③设计工艺过程：包括划分工艺过程的组成、方法、安排加工顺序和组合工序等；选择定位基准、选择零件表面的加工。④工序设计：包括选择机床和工艺装备、确定加工余量、计算工序尺寸及其公差、确定切削用量及计算工时定额等。⑤编制工艺文件。

（三）机械制造生产类型

在制造之前，要根据生产车间的具体情况将零件分批投入进行生产。一次投入或生产同一产品（或零件）的数量称为批量。

按生产的专业化程度，可分为单件生产、成批生产和大量生产三种。在成批生产中，又可按批量的大小和产品特征分为小批生产、中批生产和大批生产。若生产类型不同，则无论是在生产组织、生产管理、车间机床布置，还是在毛坯制造方法、机床种类、工具、加工或装配方法和工人技术要求等均有所不同。为此，制定机器零件的机械加工工艺过程、机械加工工艺的装配工艺过程以及选用机床设备和设计工艺装备都必须考虑不同生产类型的工艺特征，以取得最大经济效益。

（四）机械制造的学科分支

现代社会中任何领域都需要应用机械，机械形貌不一，种类繁多，按不同的要求可以有不同的分类方法，如：按功能可分为动力机械、物料搬运机械、包装机械、罐装机械、粉碎机械、金属切削加工机械等；按服务的产业可分为用于农业、林业、畜牧业和渔业的机械，用于矿山、冶金、重工业、轻工业的机械，用于纺织、医疗、环保、化工、建筑、交通运输业的机械以及供家庭与日常生活使用的机械，如洗衣机、钟表、运动器械、食品机械，用于军事国防及航空航天工业的机械等；按工作原理可分为热力机械、流体机械、仿生机械、液压与气动机械等。另外，机械的制造都要经过研究、开发、设计、制造、检测、装配、运用等阶段。相应地，机械制造可有多种分支学科体系和分支系统，各分支学科系统间互相联系，甚至存在重叠与交叉。分析这种复杂关系，研究机械制造最合理的学科体系划分，有一定的理论意义，但并无大的实用价值。可以按照其服务的产业对机械制造进行学科划分，但不论哪个行业的机械制造，其共性是主流的，依据行业不同的特点及要求，也有其个性特点。

二、机械制造与国计民生

制造业在众多国家尤其是发达国家的国民经济中占有十分重要的地位，是国民经济的支柱产业。可以说，没有发达的制造业就不可能有国家真正的繁荣和富强。

国民经济各个部门的发展，都离不开先进的机械与装备，如轻工机械、化工机械、电力设备、医疗器械、通信与电子设备、农业机械、食品机械等，就连人们的日常生活也不例外。是先进发达的机械制造业为人们提供了优雅舒适的工作、生活和休闲娱乐环境。如自行车、摩托车、汽车、轿车、飞机、轮船等交通工具，电话、手机、计算机及网络工具等通信工具，冰箱、电视、空调、微波炉等现代生活工具，等等。没有发达的制造技术，便没有可以改善人们生活环境、改造自然、造福人类的先进设备。

任何机械，大到船舶、飞机、汽车，小到仪器、仪表，都是由零件或部件组成的。以汽车为例，一辆汽车是由车身、发动机、驱动装置、车轮等组成，其中每一部分又是由若干个零件或部件构成的。而不同的零部件又需用不同的材料（包括钢、塑料、橡胶和玻璃等）和不同的加工方法来制造。同样，那些半导体行业的电子元件和大规模集成 IC 器件、晶元芯片等也是人们制造出来的。所有这些都依赖于制造业的发展，因此，机械制造关系国计民生，在国民经济中具有举足轻重的作用。概括起来，它的主要作用有以下几个方面。

（1）机械制造业是国民经济的重要组成部分，是强国富民的根本。制造业产品占中国社会物质总产品的一半以上；制造业是解决中国就业问题的主要产业领域，其本身就吸纳了中国 11.3% 的从业人员，同时还有着其他产业无可比拟的带动作用。机械制造向下延伸就是服务，比如买一辆汽车，专卖店会提供一系列售后服务，从而创造了很多就业岗位。任何一种机械产品，都需要售后服务，这种延伸出的服务就构成了第三产业。

（2）制造业是中国实现跨越式发展战略的中坚力量。在工业化过程中，制造业始终是经济发展的决定性力量。

（3）机械制造是科学技术的载体和实现创新的舞台。没有机械制造，科学技术创新就无法体现。信息技术就是以传统产业为载体的，它单独存在发挥不出什么作用。从历史上看，制造业的发展史就是科技发展史的缩影，每一项科技发明都推动了制造业的发展并形成了新的产业。比如计算机的发明，推动了整个工业的发展。以信息技术为代表的高新技术的迅速发展，带动了传统制造业的升级。每一次产业结构的优化升级都是高新技术转化为生产力的结果，可见，高新技术及其产业也是内含于制造业中的。

（4）制造业的发展水平体现了国家的综合实力和国际竞争力。当前，在经济全球化的背景下，制造业的水平直接决定了一个国家的国际竞争力和在国际分工中的地位，也就决定了这个国家的经济地位。

三、机械制造与国防科技

建立强大的国防，是中国现代化建设的重要战略任务。没有强大的国防做后盾，就不可能赢得应有的国际地位，甚至在政治、经济、外交等方面都要受制于人。一个具有强大军事力量的国家才能有强势外交，在国际交往中才不会受人欺侮。依靠科技进步和创新，加快战斗力生成模式的转变，这是贯彻落实科学发展观与推进中国特色军事变革的关键，也是建设信息化军队、打赢信息化战争的必然要求。信息技术深刻地改变着战斗力生成模式。因此，实现国防现代化不容忽视。而实现国防信息化、现代化就必须大力发展国防科技和武器装备技术。

现代战争主要指在现代政治、经济、军事和科学技术等条件下，使用现代化的武器装备开展的高科技战争，而不再像传统的以投入兵力多少决定胜负的战争。信息化引领着世界军事战争的发展趋势。

海湾战争、科索沃战争的爆发标志着战争进入了高技术局部战争的历史时期。现代战争的特点是使用高科技含量的现代武器装备，高技术兵器大量地用于战场，战场在时间、空间上空前广阔，作战形式不断更新，作战指挥更加集中统一，战争规模的可控性得到增强。现代化的国防，必须建立在现代高科技基础上，才能保家卫国，保障国家和人民的财产、人身安全，保证人民安心地进行国民经济建设。现代战争中使用的激光制导技术、弹道防御系统、无人侦察机、隐形战斗机、洲际导弹、航母等先进的武器装备和工具，离不开国防科技的发展，离不开发达的制造业，离不开现代计算机技术、现代信息技术和微机电技术。总之，现代战争靠的是现代化的武器装备，而现代化的武器装备，离不开现代先进的国防科技和制造业。现代化的武器功能、威力越来越强大，种类众多，主要涉及陆、海、空三大类。包含单兵武器、装甲战车、战斗机、侦察机、直升机、航空母舰、巡洋驱逐舰、深水潜艇、对地导弹、对空导弹、洲际导弹以及各种现代化的先进武器和工程装备等，这些都需要强大的制造业作支撑。

20世纪90年代以来，随着现代制造技术的发展，先进的制造技术被广泛用于军事武器领域。如微机电系统（MEMS）技术、机器人和仿生制造技术等。MEMS在国防武器装备中的应用越来越多，比如在武器制导系统、敌我识别系统、分布式战场敏感网络、飞机灵巧蒙皮、微型机器人等方面。微机电系统制造技术是先进制造技术的一个新领域，包括微机械的制造和封装、组装、试验（PAT）等，国防应用前景非常广阔。

在诸多现代武器及军械中，还会用到仿生技术，如科学家从剑鱼上颌呈长针状受到启发，研制出一种设备用于超音速飞机以刺破高速飞行时产生音障；按照鲸的造型开发出潜水艇；从海豚头部气囊产生振动发射超声波遇到目标被反射而研制出声呐等。动物的一些特殊功能也给研制现代军事装备以启迪。如夜蛾胸腹之间有一对叫作鼓膜器的听觉器官，可以从很强的背景噪声中分辨出蝙蝠发出的超声波，其身上厚密的绒毛还能吸收蝙蝠发射的探测超声波，从而在天敌面前处于"隐身"状态。科学家将仿夜蛾身上绒毛的材料用于飞机、舰船等装备上，大大降低了目标被雷达、红外线和超声波发现的概率。鸽子的视网膜由外层的视锥体、中层的双极细胞、后层的神经细胞节以及视顶盖构成，能对亮度、边缘、方向以及运动等发生特殊反应，所以人们称鸽眼为"神目"。科学家模仿鸽眼研制出一种设备，用于预警雷达系统，提升了其探测能力。响尾蛇的视力几乎为零，但其鼻子上的颊窝器官具有热定位功能，能感知0.001℃的温差，且反应时间不超过0.1秒。即使爬虫、小兽等已入睡，响尾蛇也能感知它们身体所发出的热能，并敏捷地前往捕食。科学家根据响尾蛇这一奇特功能，研制出现代夜视仪、空对空响尾蛇导弹以及仿生红外探测器。

军用微小机器人能完成人难以完成的使命。军用微小机器人最大的特点是外形小，具有良好的隐蔽性，仿生物外形不会引起敌方注意，而且构造简单，制造周期短，造价低，还具有"群"攻击的能力，令敌人防不胜防。军用微小机器人不怕疲劳，不惧艰险，忠于职守。美国研制了多种用于军事用途的微小型机器人，如麻省理工学院研制的昆虫机器人"金菲斯"、微型飞行器等。

除此之外，机器人和微机电技术还有很多军事应用。如用于敌我识别系统，利用其自主和快速响应的能力可达到敌我识别的目的；用于微机器人电子智能系统，可使敌方电子设备或系统丧失功能，这种战略武器可散布在目标附近，向目标移动并穿透目标，使其丧失功能；用于导航与制导中，虽然现在多应用于性能较低的系统，但最终将会大量进入飞机和战术导弹的惯导系统，并使惯导系统向芯片式发展。另外，它还可以用于航天器和舰船惯导系统以及士兵个人惯性定位装置中。

总之，现代化的国防武器装备和国防建设离不开先进的机械制造技术，没有制造业就没有各种各样的现代化武器与装备，机械制造技术在国防现代化建设过程中起着举足轻重的作用。

四、机械制造与科学探索

（一）机械制造业与太空探索

随着航天技术的发展，人类探索外层空间的兴趣及能力不断增强，各种空间飞行器被发射到太空，飞行器的制造及其在装配和服役期间的连接和维护等都离不开制造业。人造卫星在几百千米高的太空中自动工作，一旦发生故障，甚至仅仅是一个螺钉松了或一根焊线断了，也可能由于无法修理而报废。如果派人上去修理，更换部分零件，补充一些燃料，然后重新把它送入太空为人类服务，就可以大大节省费用。然而在太空中，人的活动是很不方便的，所以长臂机械手承担了大部分的维修工作。机械手不但可以抓取卫星，而且在修理完毕后还可以将卫星放回太空，使其重新进行工作。

无论是航天飞机还是太空空间站，都少不了一样东西，那就是能伸向太空的巨臂——太空机械臂。1981年美国"哥伦比亚号"航天飞机在外太空首次使用机械臂以来，航天飞机机械臂多次承担外太空精确操纵任务。例如，将航天飞机有效载荷释放进入预定轨道，帮助航天员维修发生故障的航天器。太空机械臂具有实用性、可靠性和多功能等特点。美国"发现号"航天飞机发射升空过程中机壳外表隔热材料脱落，对其返回的安全性影响很大。为此，太空飞行中由宇航员走出舱外，借助太空机械臂成功地对其进行了维护与维修。

在星球探索中，航天机器人发挥了重要作用。如1970年11月17日7时20分，"鲁诺寇德一号"探查机器人在月球着陆，从此开启了人类探索宇宙的新纪元。登月成功之后，美国、苏联便开始了登陆火星的研究工作。由于相关技术的发展，美、苏都研究利用微小型机器人进行火星探测。其好处是成本低，研究周期短。因此，微小型化成为探查机器人的发展方向。

火星探索中，首先登上火星的是苏联PROP-M号小型探查机器人，该机器人的重量是4.5千克。随后，美国NASA研制出了用于星球探测的微小型探查机器人和纳米探查机器人。前者重量为3.5千克，后者重量为0.8千克。为了适应星球表面复杂地形，星球探测机器人的移动机构设计非常重要。目前微小型星球探测车大多采用轮式机构，如美国国家航空航天管理局研制的火星车"索杰纳（Sojourner）""Rokey"系列、"勇气号"和"机遇号"都是六轮行驶机构。"Nanorover"微型火星车是一种奇特的轮式移动机构，能够底盘朝上时自动翻转，自动矫正。目前，我国研制的微型月球车也以轮式为主，中国科学院沈阳自动化研究所针对微小型星球探测机器人的移动机构，设计了一系列的复合移动机构，其中包括"沙地一号""沙地二号""沙地三号"微小型移动机器人，此外，中国空间技术研究院、上海航天局、哈工大、上海交大也研制出了轮式月球探测机器人样机。

制造这些星球探测机器人显然离不开发达的机械制造业。美国的"发现号"航天飞机、俄罗斯的"联盟号"载人飞船实现了人类太空旅行和向国际空间站运送宇航员、物资和仪器等目标。航天飞机和载人飞船的成功发射、太空运行以及成功返回都标志着人类取得的辉煌成就。

在太空探索中，我国是世界上继美国、俄罗斯后第三个成功实现载人航天飞行的国家。飞天梦想，千年凤愿。从"一人一天"到"多人多天"，从"绕月运行"到"与天宫对接"，"神十"的成功发射标志着我们在探索太空的伟大征程中又开启了新的篇章——中国的载人航天技术全面进入空间实验室和空间站研制阶段。这是我国高科技发展新的里程碑，是我国改革开放和社会主义现代化建设的又一骄人的成就，是中国人民自强不息，自主创新的又一辉煌成果。全体中华儿女为此感到无比骄傲和自豪。

载人航天是一项巨大的工程，中国从1992年开始实施的中国载人航天工程，定下了三步走的发展战略，从"神一"到"神六"，为第一步的载人飞船工程阶段；"神七"的飞行，开启了第二步的空间实验；第三步是建设空间站。神舟十号的成功发射对我国航天业具有里程碑式的意义，表明中国已经全部掌握建设和运行可供人长期居住的空间站的关键技术，中国进入应用性太空飞行时代。目前，神舟十号飞船的任务不再是试验自己，而是为天宫一号提供人员和物资运输保障，开展空间科学实验、航天器在轨维修试验和空间站等关键技术验证试验并首次开展面向青少年的太空科学讲座科普教育活动。

中国空间科学学科带头人之一、中国科学院院士、国际宇航科学院院士胡文瑞说："人类近半个世纪的空间活动，获得了大量的科学成果，有的已经用于改善人类生活，有的将在不远的将来体现到百姓生活中。人类探索太空最终要实现两个目的，一是从太空中获取能源和资源；二是必要时向太空移民。这个目标虽然还比较遥远，但总有一天会实现。"

探索太空，发展航天科技，造福全人类，机械制造业在其中扮演着极为重要的角色。

（二）机械制造业与改造大自然

人类的发展史就是对大自然的不断改造，使大自然适合人类生存的历史。在改造大自然的过程中，处处可见机械制造的痕迹。从出现第一个工具开始，人类就开始了制造活动，到今天，各个行业为改造自然、造福人类所使用和借助的一切机器、工具都是人们制造出来的，是制造业发展的结果。

今天，人类对自然界的过度使用已经对自然界造成了破坏，人类又开始了改造大自然的活动，在这一过程中，同样离不开机械制造业。为了改善环境，我们必须对废弃物进行再加工，再加工的过程肯定是脱离不了机器的，当然也就离不开机械制造业了。所以，从最初人类文明的开创到今天人类为保护环境所采取的一切措施，所有这些改造大自然的活动，都离不开机械制造业。

第二节 机械制造技术的概念

一、制造

制造作为人类重要的生产行为，扮演着至关重要的角色。制造是人们运用自身的智慧，按照既定的目标，手工操作或者借助各种工具和设备，采取一定方法，将原材料转化为具有实用价值的商品，并最终将其推向市场。这是制造的广义概念，它涵盖了从市场调研、战略决策、产品设计、加工制造、品质管理、销售物流到售后服务等各个环节。

然而，在特定的语境下，制造及其过程有时被狭义地理解为，将原材料或半成品通过一系列的加工或装配操作，转变为最终产品的具体步骤。这些步骤可能包括制作毛坯、加工零件、质量检验、组装、包装以及运输等。这种观点主要关注的是企业内部生产过程中的物质流动，而对于信息流动的关注则相对较少。这种狭义的制造观念，更侧重于生产过程的实质性操作，而忽略了生产过程中信息的传递和处理。

二、制造业与机械制造业

制造业指的是为达成某个目的将某种可用于制造的资源通过制造过程转变成人们可应用产品的行业。制造业水平是一个国家生产力水平直观的表现，制造业是国家经济发展的关键支撑，是国家的经济命脉，更是一个国家矗立于世界的核心因素。对一个国家来讲，制造业的发展水平和整体能力真实地展现了本国的科技水平、国防实力、经济实力以及人民的生活水平。一个国家的制造业如果不够强大，其经济必然无法稳定、健康、快速地发展，又何谈提升本国人民的生活水平？

机械制造业指的是为了满足用户需求创造并提供各种各样机械产品的行业，它是一个十分完整的链条，不仅包含机械产品的创造、设计、制造、生产，还包含机械产品的销售、流通以及售后服务等环节。机械制造业的产品包含所有通过制造得出的具有机械功能的产品。机械制造业是制造业的核心，是制造业不可或缺的组成部分。机械制造业通过各种各样的机械设备供应和装备着国民经济的每个单位，是国民经济的装备部，推动着国民经济的快速发展。不仅如此，机械制造业还是国家生产各类消费品的主要行业，是一个国家科学技术创新和发展的核心平台。机械制造业是国民经济至关重要的组成部分，机械制造工业技术的发展速度和水平决定了国民经济的发展速度，其提供装备的质量、可靠性以及相关技术能在一定程度上体现国民经济各个部门的生产水平和经济效益。从宏观角度来看，机械制造业是国家崛起的基础产业，是保证国家安全和国计民生的战略性产业，是一个地区乃至一个国家实现工业化的核心要素，更是决定国家兴衰的核心因素，是展现一个国家科技创新能力和国际竞争力的重要标志。

三、制造技术与机械制造技术

（一）制造技术

制造技术是一种全面的技术体系，旨在满足人类多样化的需求。它是依托于深厚的知识储备、精湛的技能操作以及客观的物质工具，将基础原材料通过一系列转换，最终变成具有特定功能和用途的产品的技术总称。这一技术体系不仅包含了基础性和普遍性的技术原理和操作方法，使它能够在各个行业和领域得到广泛应用，而且融入了专业性和特殊性的技术要素，使它能够针对不同行业和领域的具体需求，进行精细化的技术调整和创新，以满足这些特殊需求。因此，制造技术既具有广泛的适用性，又具有高度的专业性，是一种非常重要的技术体系。

（二）机械制造技术

机械制造技术是以表面成型理论、金属切削理论和加工工艺系统基本理论为基础，以各种加工方法、加工装备的特点及应用为主体，以机械加工工艺和机械装配工艺的制定为主线，以实现机械产品的优质、高效、低成本和绿色制造为目的的综合技术。机械制造技术最关键的环节是机械加工工艺。机械制造科学是一门以机械制造技术为核心研究各种机械制造过程和方法的科学。机械制造技术对机械制造业的发展有重要影响，机械制造技术水平的提高不仅可以提高机械制造业及其相关行业的生产效率、产品质量和生产竞争力，还可以推动传统产业实现产业升级。

机械制造是一个将原材料制成毛坯，将毛坯加工成机械零件，再将零件装配成机器的完整过程，机械制造的过程如图 1-1 所示。在产品生产过程中，机械制造技术指的是将原材料转化为产品时使用的所有方法的总和。

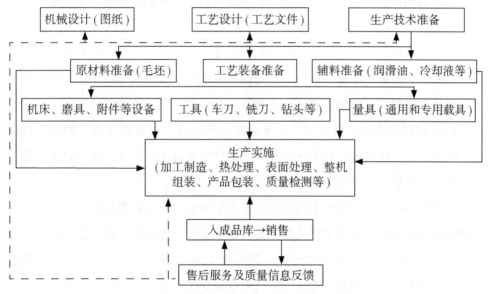

图 1-1 机械制造经历的过程（批量生产）

在机械制造过程中，所有和产品生产有直接关系的生产过程统称为机械制造工艺过程。比如，对原材料进行处理和改性的工艺过程，包括涂装、电镀、热喷涂、热处理、转化膜等；生产零件毛坯和成型零件的工艺过程，包括锻压、焊接、铸造、冲压、烧结、压制以及注塑等；加工零件的工艺过程，包括磨削、切削、特种加工等；机械装配的工艺过程，包括零件的固定、检验、平衡、调整、连接、试验等。

机械制造离不开零件和毛坯。毛坯是将工业产品或零件、部件所要求的工业尺寸、形状等制成坯型以供切削的半成品。零件是机器、仪表以及各种设备的基本组成单元，不同类型的零件具有不同的形状及功能。

零件（毛坯）的成型方法是进行零件（毛坯）制造的工艺方法，包括材料成型法、材料去除法和材料累加法。

（1）材料成型法。材料成型法是指将原材料加热成液体、半液体，在特定模具中冷却成型、变形或将粉末状原材料在特定型腔中加热加压成型的方法。材料成型前后无质量变化。铸造、锻造、挤压、轧制、拉拔、粉末冶金等，常用于毛坯制造，也可用于成型零件。

（2）材料去除法。材料去除法指去除原材料上多余部分获得所需（形状、尺寸）零件的方法，如切削与磨削、电火花加工、电解加工及特种加工等。切削和磨削过程中，有力、热、变形、振动和磨损等现象发生，这些现象决定了零件最终的几何形状和表面质量。特种加工是指利用电能、光能或化学等完成材料去除的方法，这种方法适合加工常规加工难以完成的超硬度、易碎材料等。

（3）材料累加法。材料累加法是指将分离的原材料通过加热、加压等组合成零件的方法。传统的累加方法有焊接、粘接或铆接等，通过不可拆卸连接使物料结合成一个整体，形成零件。

20世纪80年代发展起来的快速原制造型技术，是材料累加法的新发展。快速原型制造技术彻底摆脱了传统的"去除"加工法，而基于"材料逐层堆积"的制造理念，将复杂的三维加工分解为简单的材料二维的组合，它能在CAD模型的直接驱动下，快速制造任意复杂形状的三维实体，是一种全新的制造技术。快速原型制造技术在不需要任何刀具、模具及工装卡具的情况下，可将任意形状的设计方案快速转换为三维的实体模型或样件，这就是快速原制造型技术所具有的潜在的革命性意义。

四、机械制造系统

在传统的机械制造领域，一个由机床夹具、刀具以及工件所构成的整体被定义为机械加工工艺系统。这个系统在机械制造的各个阶段中扮演着至关重要的角色。然而，随着机械制造技术、计算机技术以及信息技术等领域的飞速发展，人们为了更加高效地控制机械制造过程，显著提升加工质量和效率，对传统的机械加工工艺系统进行了拓展和深化，从而提出了机械制造系统的概念。

机械制造系统是一个更为广泛和复杂的概念，它不仅仅包含了完成机械制造过程所必需的硬件，如原材料、辅料、设备、工具和能源等，同时也涵盖了软件部分，如制造理论、工艺、技术、信息和管理等。此外，机械制造系统还包含了人员的要素，如技术人员、操作工人和管理人员等。这些要素共同组成了一个有机的整体，经过复杂的制造过程，将制造资源，如原材料和能源等，转化为最终的产物，这包括完整的成品以及各种半成品。

总的来说，机械制造系统是一个集成了硬件、软件和人员三大部分的统一体，其目标是高效完成机械制造，从而满足现代工业生产的需要。

第三节　现代机械制造技术的产生与发展

一、现代机械制造技术的特点和产生

（一）现代机械制造技术的特点

现代机械制造技术具有先进性、实用性和前沿性。

1. 先进性

现代机械制造技术的先进性主要表现在以下五方面。

（1）优质：通过现代制造技术加工出的整机或零部件质量更高，性能更优越。现代制造技术制造的整机不仅结构更加合理，耐用性更强，还更符合人们的审美需求；现代制造技术制造的零部件不仅尺寸更加精准，内部结构更加紧密，还具有优良的使用性能，且表面十分光滑，无任何杂质和缺陷。

（2）高效：从产品生产角度来看，现代制造技术不仅大大提高了产品的生产效率，还降低了工人的劳动强度，一举两得；从产品开发角度来看，现代制造技术不仅能提高开发效率以及开发质量，还可以大幅缩短开发新产品的时间。

（3）低耗：在生产过程中运用现代制造技术能大大提高原材料和能源的使用效率，节约资源。

（4）洁净：在生产过程中运用现代制造技术产生的废弃物很少或不产生废弃物，做到少排放或不排放，尽量减少对环境的污染。

（5）灵活：当市场发生变化或产品需要更改设计时，现代制造技术能快速应对，对生产多种产品具有更强的适应性。

2. 实用性

现代制造技术是应用于工业生产的技术，它显著的特点之一就是讲究实效，另外，它还具有应用广泛、应用量大等特点。现代制造技术具有多种不同的层级和模式，适用于各种类型的工厂。现代制造技术并非一成不变的，它是动态发展的，拥有十分丰富的内涵。

3. 前沿性

现代制造技术是以传统制造技术为基础，结合了新型信息技术和其他技术，是先进制造技术研究的新领域，具有前沿性。

虽然当前一些先进的设备和工艺应用范围较小，但随着技术的不断成熟和发展，在将来一定会获得更为广泛的应用。

（二）现代机械制造技术的产生背景与产生方式

1. 产生背景

现代机械制造技术产生的背景有以下两方面。

（1）机械产品更新迭代的速度过快。近些年，机械制造业迅猛发展，机械产品的迭代速度也水涨船高，而且机械产品逐渐向复杂、高效、精密、成套、大型以及高运行参数等方面转变，这就要求机械制造技术向更高、更新发展。

（2）市场竞争更加激烈。近些年，市场竞争愈演愈烈，机械制造业的经营战略也在不断地发生变化，生产成本、产品质量、市场响应速度以及售后服务成为企业占领市场的新要素。机械制造技术为适应这种变化，只能全力发展。

2. 产生方式

现代机械制造技术是以传统机械制造技术为基础，不断融入其他先进技术成果，实现系统集成或局部集成后形成的新技术。形成现代机械制造技术的方式主要有以下两种。

（1）常规制造过程优化。这是一种常见的、应用最广泛的方式。可分为两种类型，第一种是以不变动制造原理为前提，改进制造工艺的技术和条件，优化工艺参数；第二种是以不变动制造方法为核心，更新和优化相关设备、材料和工艺，以及检测控制系统技术等。

（2）与高新技术相结合。随着时代的发展，先进技术不断涌现，带动了现代制造技术的发展。高新技术和现代制造技术既相互影响又相互促进。一方面，计算机、微电子、新材料、新能源等高新技术不断发展，与制造技术不断渗透和融合，使现代制造技术获得先进的技术支持；另一方面，现代制造技术可以为高新技术的产业化提供各种先进的设备。比如，CAM/CAE/CAD 集成技术、工艺模拟技术、数控加工技术等就是在传统制造技术中融入现代先进计算机技术后形成的；又如，高能束加工技术就是在传统制造技术中融入离子束、电子束以及激光等新能源后形成的。

二、现代机械制造技术的发展

（一）概述

对于机械制造技术，成本、质量、效率是永远无法割舍的三个主题，现代机械制造技术也不例外，再加上最近几年人们十分重视的环保和售后服务，推动着现代机械制造技术朝着自动化、高速化、集成化、最优化、精密化、柔性化、智能化、清洁化的方向发展。

机械加工最基本的功能就是在一定成本和生产率的条件下通过机械设备加工零件和装配机器，以这一基本功能为核心形成多种新型科学，如机械制造系统工程学，主要研究如何在机械制造过程中实现有效的管理、调度和计划；机械制造设备学，主要研究加工设备的能量转换方式和机械学原理；材料加工物理学，主要研究材料的分离原理和加工表面质量；表面成型几何学，主要研究各种成型的方式以及相关的运动学原理等。

融合了控制论、信息论和系统论的系统科学方法论也在机械制造领域不断扩散着自己的影响力，此方法论主要通过阐述整体和外部环境、整体和部分之间相互制约、相互作用的关系来影响机械制造相关技术，并形成了制造系统这一新的理念。

如今，制造系统理念已经深入人心，制造系统已经成为包含能量流、信息流、物质流且拥有整体目的性的系统。制造系统其实并不仅是传统的工厂中开展的工作，也包含原材料采购、产品生产、产品销售、产品实现自身社会价值等环节。

人们很早就认识到了制造过程中能量和物质的重要性，但直到 20 世纪 50 年代，人们才真正认识到信息的重要性。随着时代的进步，机电一体化技术、传感技术、控制技术、微电子技术发展十分迅猛，计算机技术也得到迅速发展和广泛应用，人们将这些技术应用到机械行业中，在机械制造领域中形成了更多的新模式和新理念，同时，人们开始研究、开发、利用机械制造过程中产生的所有信息。

长久以来，机械制造依靠的是技术人员和工作人员自身掌握的技艺和经验，所谓的制造技术其实就是总结生产过程中形成的制造经验。但随着时代发展，人们对机械零件的精度和生产效率有了更高的要求，如果依旧依靠技术人员经验来生产，不仅满足不了要求，还可能被时代抛弃。因此，机械制造开始注重机械设备以及控制系统的作用。先进的机械设备能满足精度要求、提升加工能力，从而提高生产效率；控制系统能在生产过程中不断监测和补偿产品，确保产品的质量符合要求。可以预见，机械制造必将更加重视和依赖各种各样的技术和知识。如今的机械制造已经融入了数学、化学、物理、控制论、信息论系统论、计算机技术以及电子技术等多门学科的基础理论和先进成果，形成了新的制造模式。

机械制造技术的发展主要有三条主线：

（1）完善、发展和开拓机械制造工艺方法。人们不仅完善和发展了传统的磨削和切削技术，还创新和发展了新的特种加工技术。

（2）机械加工技术更加注重产品的精度，如"纳米技术""精密工程"。

（3）机械加工技术更加注重产品的生产成本和生产效率等，逐渐朝着自动化、柔性化、集成化、智能化方向发展，如数控技术、柔性制造系统、计算机集成制造系统、智能制造系统。

与上述三条主线配套的技术也获得了发展，如机械产品的可靠性保证与质量控制技术、机械设备的性能试验技术、工况监测与故障诊断技术、机械产品的装配技术、机械制造中的计量与测试技术、机械制造中应用人工智能的相关技术等。

（二）机械制造技术的发展趋势

1. 采用自动化技术，实现制造自动化

微电子、计算机、自动化技术与制造技术相结合，形成了三个自动化：制造过程自动化、制造技术自动化和制造系统自动化。

（1）应用集成电路、可编程序控制器、计算机等新型控制元件和装置，实现工艺设备的单机、生产线或系统的自动化控制。应用新型传感、无损检测、理化检验、计算机和微电子技术，实时测量并监控工艺过程的温度、压力、位移、应力、应变、振动、声、像、电、磁及合金与气体的成分、组织结构等参数，实现在线测量和测试的电子化、数字化、计算机化，以及工艺参数的闭环控制，进而实现自适应控制。

（2）应用计算机技术、网络技术等，建立计算机辅助设计（CAD）、计算机

辅助工艺过程设计（CAPP）、计算机辅助工程分析、计算机辅助制造（CAM）、产品数据管理、管理信息系统、企业资源计划系统等制造技术自动化系统，使制造过程信息的生成与处理高效快捷。

（3）将数控、机器人、自动化搬运仓储等自动化单元技术综合用于加工及物流过程，形成从单机到系统、从刚性到柔性、从简单到复杂的不同档次的柔性自动化系统，如数控机床、加工中心、柔性制造单元、柔性制造系统和柔性生产线，及至形成计算机集成制造系统和智能制造系统。

（4）利用计算机技术，实现了多品种、小批量的柔性制造。制造并不是单方面的生产，它受到需求的控制和驱动。近些年，人们生活水平不断提高，物质生活更加丰富，产品市场发生巨变，竞争出现白热化。同时，人们对产品的需求呈现多样化，这意味着传统大批量生产的方式不再适合当前社会，促使机械制造业逐渐向中小批量、产品多样化的方向发展，在控制成本的前提下，提高生产效率和产品质量，提倡自动化生产，形成柔性制造这一新型理念和技术。柔性制造系统是"自动"和"柔性"的完美结合，它具有独特的性质和效果。首先，它是一种中小批量的、产品多样化的生产方式，在一定程度上更符合市场需求；其次，它大大降低了生产成本，提高了机床使用效率，缩短辅助时间；再次，它缩短了产品的生产周期，减少了库存和挤压，大大增强了对市场的响应能力；最后，它大大提高了生产过程的自动化水平，降低了工人的劳动强度，改善了生产环境，还保证了产品质量。

（5）加工与设计之间的界限逐渐淡化，并趋向集成及一体化。随着快速原型制造技术、并行工程、计算机集成制造系统、柔性制造系统、计算机辅助设计、计算机辅助制造等先进制造技术的出现和发展，设计和加工之间的界限逐渐淡化，使机械制造走向了一体化。各种新型的特种加工技术的出现，更淡化了冷热加工之间，以及加工过程、检测过程、物流过程、装配过程之间的界限，甚至完全消除了这种限制，使所有过程集成到统一的制造系统中。

（6）机械加工向超精密、超高速方向发展。机械加工工艺逐渐向超精密化、超高速化方向发展。如今，机械加工工艺已经步入纳米级别，有数据显示，目前加工的精度已经精确到 0.025 μm，表面粗糙度更是精确到 0.0045 μm。精密切削技术也从红外波段逐渐向可见光波段或不可见的 X 射线和紫外线波段靠近，而且超精密加工机床已经可以加工金属之外的非金属，更是逐渐朝着多功能模块化的方向发展。机械加工工艺中超高速切削铝合金的切削速度已超过 1600 m/min，切削铸铁的速度已达到 1500 m/min，这种超高速切削也解决了材料难以加工的问题。

（7）工艺技术与信息技术、管理技术紧密结合，先进制造生产模式不断发展。先进制造技术系统是由人、技术、组织三者组成的集成体系，当三者有效集成时才能获得最佳效果。为了提升先进制造工艺的效果，必须在制造工艺技术和信息技术、管理技术紧密结合的基础上不断寻求适应市场需求的新型生产模式。另外，这种适应市场需求的先进制造生产模式，如分散网络化制造、并行工程、敏捷制造、精益生产、及时生产、柔性生产等，也会影响并推动制造工艺的完善和发展。

（8）计算机的广泛应用，使机械制造向最优化和智能化方向发展。人工智能在机械制造过程中能够获得更深层、更广泛的应用，它不仅能让工作者的脑力劳动获得一定的延伸和加强，还能代替工作者的部分脑力劳动，形成"智能制造"。人类专家拥有大量的专业知识、经验，采用和发展人工智能，尤其是其中的分支专家系统，可以使这一部分脑力劳动实现计算机化和自动化。专家系统类型多样，在机械制造领域使用的专家系统主要有测试、控制与诊断专家系统，设计专家系统以及工艺规程编制专家系统等，专家系统能保证制造过程始终按照最佳的方式进行。另外，智能机器人、CAD/CAM 智能一体化等也是当前机械制造领域中正在研究和应用的人工智能项目。因此，人工智能在机械制造中的应用具有广阔的发展前景。

第二章

机械制造工程基础与与工艺设备

第一节　机械制造工程基础

一、互换性

（一）互换性释意

制造机器是先制造零件，而后形成部件，最后才装配成机器，如果组成一台机器中的同类零件在装配时能相互调换，便能大大地缩短生产周期，提高劳动生产率。

因此，零部件的互换性就是指机械制造中按规定的几何和机械物理性能等参数的允许变动量来制造零件和部件，使其在装配或维修更换时不需要选配或辅助加工便能装配成机器并满足技术要求的性能。几何参数包括尺寸大小、几何形状、相互位置、表面粗糙度等；机械物理性能参数通常指硬度、强度和刚度等。这样，在机器制造中，由于零部件具有了互换性，所以规格大小相同的一批零件（或部件），装配前，不需选择；装配时（或更换时），不需修配和调整；装配后，机器质量完全符合规定的使用性能要求。这种生产就叫互换性生产。

在现代工业生产中，常采用专业化大协作的生产，即用分散制造，集中装配的办法来提高劳动生产率，以保证产品的质量和降低成本。为此，要实行专业化生产，必须采用互换性原则。如像轿车这样由上万个零件组成的产品，正是基于互换性原则，才形成了当今不足 1 分钟就可装配下线一辆轿车的高生产率。因此，工业生产中只有提倡互换性，推行互换性生产，才能适应国民经济高速发展的需要。可以说互换性是大批量生产的一条重要的技术经济原则。当前，互换性已不只是大批量生产的要求，即使小批量生产，亦需按互换性的原则进行。

（二）加工误差与加工精度

具有互换性的零件，其几何参数值是否绝对准确呢？事实上不但不可能，而且也不必要。只要实际值保持在规定的变动范围之内就能满足技术要求。机械制造中，实际加工后的零件不可能做得与理想零件完全一致，总会有大小不同的偏差，零件加工后的实际几何参数对理想几何参数的偏离程度，称为加工误差。

那么为什么会造成零件的加工误差呢？原因有多方面，一是机械加工过程中，机床、夹具、刀具、工件所组成的工艺系统存在的误差；二是零件加工时受到切削力作用，引起的工艺系统的弹性变形；三是加工时的切削热、环境温差等会引起工艺系统的热变形；四是刀具的磨损等的影响，致使加工完的零件的几何参数与图纸上规定的不可能完全一致。

加工精度是指零件加工后的实际几何参数（尺寸、形状和位置）与理想几何参数的符合程度。符合程度越高，加工精度越高。根据零件几何参数，相应地衡量零件加工准确性的加工精度，可分为零件的尺寸精度、形状精度和位置精度。三者分别反映了加工后零件的实际尺寸与零件理想尺寸、实际形状与理想形状、实际位置与理想位置相符的程度。如果加工制造完成后的零件的几何参数（形状、尺寸、相互位置等），非常接近规定的几何参数（设计图纸上规定的理想形状、尺寸等），通常说这零件的加工精度高；反之，偏离越大，加工精度越低。加工精度通常用加工误差表示，加工误差小，精度高；误差大，精度低。

（三）表面粗糙度

表面粗糙度，亦称表面光洁度，是指表面微观几何形状误差，反映工件的加工表面精度。在机械加工过程中，由于刀痕、切削过程中切屑分离时的塑性变形、工艺系统中的高频振动、刀具和被加工表面的摩擦等，会使被加工零件的表面产生微小的峰谷，这些微小峰谷的高低程度和间距（波距）状况用表面粗糙度来描述。它与表面宏观几何形状误差以及表面波度误差之间的区别，通常是按波距的大小来划分的，波距小于 1 mm 的属于表面粗糙度（微观几何形状误差）；波距在 1 ～ 10 mm 的属于表面波度（中间几何形状误差）；波距大于 10 mm 的属于形状误差（宏观几何形状误差）。

表面粗糙度对零件的功能有很多影响，如接触面的摩擦、运动面的磨损、贴合面的密封、旋转件的疲劳强度和抗腐蚀性能等。因此其对提高产品质量起着重要作用。

（四）公差与配合

在实际的机械制造中，不可能保证同一类零件的所有尺寸都一样，我们允许产品的几何参数，在一定限度内变动，以保证产品达到规定的精度和使用要求，而这一变动量就是公差。由于是变动量，所以公差不能取负值和零。几何参数的公差分为尺寸公差和形位公差。

机械制造中，设计时给定的尺寸称为基本尺寸，测量得到的尺寸称为实际尺寸；允许变动的两个极限值称为极限尺寸，极限尺寸分为最大极限尺寸和最小极限尺寸，而公差等于最大极限尺寸和最小极限尺寸的差值。而尺寸偏差是某尺寸减其基本尺寸所得的代数值。最大极限尺寸减去基本尺寸所得的代数值为上偏差，最小极限尺寸减去基本尺寸所得的代数值为下偏差。上偏差与下偏差的代数差的绝对值等于公差。例如某孔在图纸上的标注为 ϕ25+0021 mm，则孔的直径的基本尺寸为 25，最大和最小极限尺寸为 25.021 mm 和 25 mm，则公差就等于最大极限尺寸减去最小极限尺寸，为 0.021 mm。孔的上偏差为 0.021 mm，下偏差为 0，上偏差与下偏差的代数差的绝对值即公差 0.021 mm。在实际应用中，尺寸、偏差和公差的关系可以用图来表示，称为公差带图。

配合指的是基本尺寸相同的相互结合的孔和轴公差带之间的关系。孔的尺寸减去相配轴的尺寸所得的代数差称为间隙或过盈。此差值为正时是间隙，为负时是过盈。按间隙或过盈及其变动的特征，配合分为间隙配合、过盈配合和过渡配合。

具有间隙（包括最小间隙为零）的配合就是间隙配合。

最大间隙为孔的最大极限尺寸减去轴的最小极限尺寸为 0.054 mm，最小间隙为孔的最小极限尺寸减去轴的最大极限尺寸为 0.020 mm。间隙配合主要用于孔与轴的活动连接，例如滑动轴承与轴的连接。

具有过盈（包括最小过盈为零）的配合就是过盈配合。例如，孔的尺寸为 $\phi 25+0.021$ mm，轴的尺寸为 $\phi 25+0.035$ mm，最大过盈为 0.048 mm，最小过盈为 0.014 mm。过盈配合主要用于需要传递扭矩与轴向力的固定连接，如大型齿轮的齿圈与轮毂的连接。

过渡配合就是可能具有间隙或过盈的配合。例如，孔的尺寸为 $\phi 25+0.021$ mm，轴尺寸为 $\phi 25+0.002$ mm，最大间隙为 0.019 mm，最大过盈为 0.015 mm。过渡配合用于保证定心良好又能拆卸的精密定位连接，如滚动轴承内径与轴的连接。

二、机械原理和机械零件

（一）机构与机构学的概念

人类在长期的劳动中创造了许多机器。生产活动中常见的机器有起重机、拖拉机、机车、电动机、内燃机和各种机床、生产线等，日常生活中常见的机器有缝纫机、洗衣机、摩托车等。虽然机器的种类繁多，用途不一，但它们都有着共同的特征：其一，是人为的实物组合；其二，各实物间具有确定的相对运动；其三，能代替或减轻人类的劳动，完成有效的机械功（如牛头刨床）或能量转换（如内燃机把燃料燃烧的热能转化成机械能）。

为了研究机器的工作原理，分析运动特点和设计新机器，通常从运动学角度又将机器视为若干机构组成。由两个以上的构件通过活动连接以实现规定运动的组合件，就称为机构，它是具有确定运动的实物组合体。机构也是人为的实物组合，各实物件间具有确定的相对运动，所以只具有机器的前两个特征。做无规则运动或不能产生运动的实物组合不能称为机构。机构中总有一个构件作为机架。多数机构都有一个接受外界已知运动或动力的构件，即主动件，但有的机构需要两个以上的主动件，其余被迫做强制运动的构件称为从动件，其中作为输出的从动件将实现规定的运动。若机构用来做功，或完成机械能与其他能之间的转换，机构就成为机器，所以机器主要是由机构组成的。一部机器可能由一种机构或多种机构所组成，如我们常见的内燃机便是由曲柄滑块机构、齿轮机构和凸轮机构所组成，而电动机只是由一个简单的二杆机构（即转子和定子）组成。

若撇开机器在做功和转换能量方面所起的作用，仅从结构和运动的观点来看，则机器和机构之间并无区别。因此，习惯上将"机械"一词作为机器和机构的总称。

1. 机构

机构中做相对运动的每一个运动的单元体称为构件。构件可以是一个独立运动的零件，但有时为了结构和工艺上的需要，常将几个零件刚性地连接在一起组成构件。由此可知，构件是独立的运动单元，而零件是制造单元。

机构学是着重研究机械中机构的结构和运动等问题的学科，是机械原理的主要分支。其研究内容是各种常用机构，如连杆机构、凸轮机构、齿轮机构、差动机构、间歇运动机构、直线运动机构、螺旋机构和方向机构等的结构和运动，以及这些机构的共性问题，在理论上和方法上进行机构分析和机构综合。而机构分析包括结构分析和运动分析两部分。前者研究机构的组成并判定其运动可能性和确定性；后者考察机构在运动中位移、速度和加速度的变化规律，从而确定其运动特性。这对于如何合理使用机器、验证机器的性能是必不可少的。

机构在机器中得到了广泛的应用，但由于功能需求的多样性，组成机器的机构形式和类型也是多样的：组成机构的各构件的相对运动均在同一平面内或在相互平行的平面内，称为平面机构；机构各构件的相对运动不在同一平面或平行平面内，称为空间机构。

与平面连杆机构相比，空间连杆机构常有机构紧凑、运动多样、工作灵活可靠等特点，但设计困难，制造较复杂。空间连杆机构常应用于农业机械、轻工机械、纺织机械、交通运输机械、机床、工业机器人、假肢和飞机起落架中。

由于实际构件的外形结构往往很复杂，在研究结构运动时，为了将问题简化，往往撇开与运动无关的构件外形和运动副具体结构，仅用简单线条和符号来表示构件和运动副，并按比例定出各运动副的位置，绘出简单图形来表征机构各构件间相对运动关系，这一简图称为机构运动简图。借助机构运动简图便可对复杂机构或机械的运动关系及相互规律、机械属性进行分析研究和认知，以进一步改善机械性能和创新设计新型机械。

2. 运动副与运动链

机构都是由构件组合而成的，每个构件都以一定的方式与其他至少一个构件相连接，这种连接既使两个构件直接接触，又使两构件能产生一定的相对运动。每两个构件间的这种直接接触所形成的活动连接称为运动副。

构成运动副的两个构件间的接触不外乎点、线、面三种形式，两个构件上参与接触而构成运动副的点、线、面部分称为运动副元素。运动副的分类方法有多种。

（1）按运动副的接触形式分类：面与面相接触的运动副，在承受载荷方面与点、线相接触的运动副相比，其接触部分的压强较低，故面接触的运动副称为低副，以点、线接触的运动副称为高副，高副比低副易磨损。

（2）按相对运动的形式分类：构成运动副的两构件之间的相对运动若为平面运动则称为平面运动副，若为空间运动则称为空间运动副。两构件之间只做相对转动的运动副称为转动副或回转副，两构件之间只做相对移动的运动副，则称为移动副。

（3）按运动副引入的约束数分类：引入一个约束的运动副称为一级副，引入两个约束的运动副称为二级副，以此类推，有三级副、四级副、五级副。

（4）按接触部分的几何形状分类：根据组成运动副的两构件在接触部分的几何形状，可分为圆柱副、球面副、螺旋副、平面与平面副、球面与平面副、球面与圆柱副、圆柱与平面副，等等。两个以上构件通过运动副的连接构成的系统称为运动链。如果组成运动链的各构件构成首末封闭的系统，则称为闭式运动链，简称闭链。如果组成运动链的各构件未构成首末封闭的系统，则称为开式运动链，简称开链。闭链的每个构件至少有两个运动副元素，一个构件间仅含一个运动副元素的都是开链。当运动链中有一个构件被指定为机架，若干个构件为主动件，从而整个组合体具有确定运动时，运动链即成为机构。同一运动链，在指定不同的构件作为机架时，可得到不同的机构。机械中绝大部分机构都由闭链组成，所以闭链是构成机构的基础。而机械手和工业机械人则是开链的具体应用。

3. 机构自由度

构件所具有的独立运动的数目（或是确定构件位置所需要的独立参变量的数目）称为构件的自由度。一个构件在未与其他构件连接前，在空间可产生 6 个独立运动，也就是说具有 6 个自由度。而两个构件直接接触构成运动副后，构件的某些独立运动将受到限制，自由度随之减少，构件之间只能产生某些相对运动。运动副对构件的独立运动所加的限制称为约束。运动副每引入一个约束，构件便失去一个自由度。两个构件间引入了多少个约束，限制构件的哪些独立运动，则完全取决于运动副的类型。

使机构具有确定运动时所必须给定的独立运动数称为机构自由度。欲使机构具有确定运动，应使机构的主动件数等于其自由度数。如平面四杆机构的自由度为 1，而平面五杆机构的自由度为 2。给定平面四杆机构一个独立运动参数，机构就具有确定的运动。而对平面五杆机构，必须同时给定两个独立运动的参数，机构的运动才能完全确定。事实上，在机械制造学科中，自由度的概念也适用于机器、工件及其他任何物体等。设计的机器要具有确定的运动关系，必须限制其多余的自由度，工件加工时，对工件的定位装夹，其实就是限制其额外的自由度。当然，"自由"与"限制"的含义也是广泛的，在不同领域里、不同条件下都有一定的约束规则和制度，都有一个"自由度"。

4. 自锁和平衡

机械在给定方向的驱动力作用下，由于摩擦力无论驱动力多大都不能使机械产生运动，这一现象称为自锁。

简单机构的机械效率计算公式通常是按最大摩擦力导出的，故自锁条件可由效率等于或小于零来确定。以力耦驱动构件转动时不会有自锁问题，但以不通过回转轴线的力驱动构件转动时，就有可能产生自锁现象。

实际工程中可以有效地利用自锁现象。如利用自锁现象设计的夹具，在工件加工前，首先要对工件毛坯进行定位并利用专用、通用或组合夹具夹紧工件，防止其在受到切削力时工件位置发生变化，为此，设计夹具时，可以利用夹具夹紧时的自锁现象进行工件的夹紧，使得夹紧更为牢靠；利用自锁现象设计的自锁式千斤顶，可以长时间支撑重物，在除去油压时仍然可以支持重物，从而保证安全可靠。这种形式的千斤顶，一般是现代家用轿车、卡车等出厂时必备的维修工具。再如自锁阀门、自锁继电器、自锁密封螺纹技术、汽车变速箱的自锁机构等。总之，自锁现象可以被广泛地应用。

通过合理分配各运动件的质量，消除或减少机械运转时由于惯性力所引起的振动的措施，称为平衡。

在绕定轴转动的转子上，各定点的离心惯性力组成一个空间力系，根据力学原理将它们向任何一点简化，均可得到一个离心惯性力 F 和一个惯性力偶 M。这个离心惯性力和惯性力偶将引起转子的振动，这种转子称为不平衡转子。不平衡转子在转动时，可能会发生转子断裂的重大事故。为了使转子得到平衡，必须满足 $F = 0$，$M = 0$ 的条件，这就是转子平衡的力学原理。

在工程实际中，对转动机械一般都有一个平衡等级的要求，以保证其运转的平稳性、可靠性等。如电机的制造，必须保证电机主轴的动平衡性能；机床回转主轴组件的制造，也必须保证其回转运动时良好的动平衡性，尤其是高速回转的主轴。如在高速切削加工时，对高速机床主轴的回转要求必须具有很高的动平衡等级，不仅如此，高速切削下的刀柄结构以及装夹刀柄、刀具后的主轴系统，也必须满足严格的动平衡要求。否则，就会造成剧烈的振动，加剧其支撑轴承的磨损，导致发热和寿命降低，严重时还会造成刀具断裂破损等危险事故，甚至危及机器操作者的人身安全。因此，机械设计与制造时必须重视运动组件的平衡要求。

5.摩擦与润滑

两个相互接触的物体有相对运动或有相对运动趋势时在接触处产生阻力的现象称为摩擦。因摩擦而产生的阻力称为摩擦力。相互摩擦的两物体称为摩擦副。

摩擦是一种常见的现象。在日常生活中，摩擦力无处不在。如人的行走、吃饭、洗衣服都是依靠摩擦；各种车辆的行进也是借助于摩擦。在机械工程中利用摩擦做有益工作的有带传动、制动器、离合器和摩擦焊等。摩擦对于我们，是不可缺少的。但是它有时又是有害的。运动中的机械由于相互摩擦，两机件会发热，轴承会过度磨损，消耗额外功率，导致机械工作效率降低，机器的可靠性和使用寿命降低。航天飞机、宇宙飞船等在穿越大气层时，其外表面与空气的摩擦，可使机身外表面的温度高达上千摄氏度，使钢铁材料熔化。为此，航天飞机机身外表面都粘贴有一层绝热材料。美国"发现号"航天飞机在发射时绝热泡沫材料脱落，为了保证飞机安全返回，临时改变计划，出现了宇航员在太空行走设法修复绝热板的壮举。摩擦导致火灾给人类造成严重财产损失的事例也不少。

摩擦的种类有很多，按摩擦副的运动形式，摩擦分为滑动摩擦和滚动摩擦。前者是两个相互接触物体有相对滑动或有相对滑动趋势时的摩擦，后者是两个相互接触物体有相对滚动或有相对滚动趋势时的摩擦；按摩擦副的运动状态分为静摩擦和动摩擦，前者是相互接触的两物体有相对运动趋势并处于静止或静止临界状态时的摩擦，后者是相互接触的两物体越过静止临界状态而发生相对运动时产生的摩擦；按摩擦表面的润滑状态，可分为干摩擦、边界摩擦和流体摩擦；另外，摩擦还可分为外摩擦和内摩擦，外摩擦是指两物体表面做相对运动时的摩擦，内摩擦是指物体内部分子间的摩擦。干摩擦和边界摩擦属于外摩擦，流体摩擦属于内摩擦。

改善摩擦副的摩擦状态以降低摩擦阻力减缓磨损的技术措施称为润滑。充分利用现代的润滑技术能显著提高机器的使用性能和寿命并减少能源消耗。按摩擦副之间使用的润滑材料，润滑可分为流体（液体、气体）润滑和固体润滑（润滑剂）。按摩擦副之间的摩擦状态，润滑油分为流体润滑和边界润滑。介于流体润滑和边界润滑之间的润滑状态称为混合润滑，或称部分弹性流体动压润滑。机器中相互运动的部件间，一般都要采取一定的润滑措施，以减少磨损，提高机器的寿命和工作性能。

（二）连接、支撑、制动与密封

1. 连接的类型

利用不同方式将机械零件连成一体的技术成为连接。机器有很多零部件组成，这些零部件通过连接来实现机器的职能，所以连接是构成机器的重要环节。按被连接件的关系，连接分为静连接和动连接。机器工作时，被连接件间的相互位置不容许变化的称为静连接，被连接件间的相互位置在工作时容许有一定形式的变化称为动连接。按连接件能否能不被毁坏而拆开，连接可分为可拆连接和不可拆连接。可拆连接有螺纹连接、楔连接、销连接、键连接和花连接等。采用可拆连接通常是结构、维护、制造、装配、运输和安装等方面的原因。不可拆连接有铆接、焊接和铰接等。采用不可拆连接通常是工艺上的原因。

2. 联轴器

连接主动轴和从动轴，使之共同旋转，以传递运动和扭矩的机械零件，称为联轴器。联轴器由两半部分组成，分别与主动轴、从动轴连接，成为一个整体。大多数动力机都依靠联轴器与工作机连接。联轴器的类型很多，通常分为刚性联轴器和弹性联轴器两类。

（1）刚性联轴器。适用于两轴能严格对中并在工作中不发生相对位移的地方。主要有凸缘联轴器、套筒联轴器和夹壳联轴器三种。刚性联轴器结构简单，价格较低，制造容易，两轴瞬时转速相同，但要求所联两轴保持在同轴线上无相对位移，以免产生附加动载。在刚性联轴器中，凸缘联轴器是应用最广的一种。这种联轴器主要由两个分装在轴端的半联轴器和连接它们的螺栓组成。凸缘联轴器对中精度可靠，传递转矩较大，但要求两轴同轴度好，主要用于载荷平稳的连接中。套筒联轴器由连接两轴轴端的套筒和连接套筒与轴的连接零件（键或销钉）组成。套筒联轴器径向尺寸和转动惯量都很小，可用于启动频繁、速度常变的传动。由于这种联轴器的径向尺寸较小，所以在机床中应用很广。夹壳联轴器由纵向剖分的两半筒形夹壳和连接它们的螺栓组成。由于这种联轴器在装卸时不用移动轴，所以使用起来很方便，夹壳联轴器常用于连接垂直安置的轴。

（2）弹性联轴器。适用于两轴有偏斜或在工作中有相对位移的地方。

图2-1为弹性销轴联轴器，它是靠弹性销轴元件的弹性变形来补偿两轴轴线的相对位移，且有缓冲、减震性能。弹性元件的材料有金属和非金属两种。金属弹性元件强度高，承载能力强，弹性模量大而稳定，受温度影响小，但成本较高。使用金属弹性元件的联轴器有簧片联轴器、盘簧联轴器、卷簧联轴器等。簧片联轴器具有高弹性和良好的阻尼性能，适用于载荷变化不大的大功率场合。盘簧联轴器由带状弹簧绕在两半联轴器的齿间构成，依靠不同的齿形可做成定刚度或变刚度的联轴器，后者适用于扭矩变化较大的两轴间的连接。

图 2-1 弹性销轴联轴器

使用非金属弹性元件容易得到不同的刚度，内摩擦大，单位体积储存的变形能大，阻尼效果好，工作时无须润滑，重量轻，但强度较低，承载能力小，材料容易老化和磨损，寿命较短。使用橡胶、尼龙和聚氨酯等非金属弹性元件的有弹性圆柱联轴器、轮胎联轴器、高弹性橡胶联轴器、橡胶套筒联轴器、橡胶板联轴器和尼龙柱销联轴器等。弹性圆柱联轴器广泛用于载荷平稳、要求正反转或起动频繁的传动。轮胎联轴器用橡胶或橡胶织物制成轮胎作为弹性元件，扭转刚度小，缓冲减振能力强，适用于潮湿、多尘、冲击大、需要正反转或两轴相对位移较大的连接，在起重运输机械中应用较广。高弹性橡胶常成对配置，具有较高的弹性和良好的减震性能。橡胶套筒联轴器和橡胶板联轴器结构简单，易于制造，应用也很广泛。尼龙柱销联轴器与弹性圈柱联轴器相似，但结构较简单，耐磨性和减振能力也较强。

3. 离合器

离合器也是连接两轴使之一同回转并传递转矩的一种部件。离合器和联轴器的不同点是：联轴器只有在机器停车后用拆卸方法才能把两轴分离；而离合器不必采用拆卸方法，在机器工作时就能将两轴分离或接合。利用离合器可使机器起动、停止、换向和变速等。例如机床中的离合器可使主轴迅速与动力机接合或分离，能节省停车和起动时间，提高机床的生产率。

离合器的种类很多，按控制方式可分为操纵式和自动式。操纵式的有嵌入式离合器、摩擦离合器、磁粉离合器等；自动式的有安全离合器、离心离合器、超越离合器等。

嵌入式离合器通过牙、齿或键的嵌合来传递扭矩。它结构简单、外形尺寸较小，可传递较大的扭矩；但接合时有冲击，两轴间转速不宜过大。

摩擦离合器利用摩擦力传递扭矩。它接合和分离迅速，操作方便，振动和冲击较小，超载时其摩擦件发生打滑，有过载保护作用；但从动轴与主动轴不能严格同步，摩擦件的微量打滑导致能量损失并会发热和磨损，所以需要经常调整和更换。

磁粉离合器利用激磁线圈使磁粉磁化，形成磁粉链以传递扭矩。电流增大时，磁场增强，则磁粉链传递扭矩增大。这种离合器离合迅速，运转平稳，能使主、从动轴在同步、有转速差和制动状态下工作；磁粉打滑可起过载保护作用，通过控制电流可实现无级调速。

安全离合器能在载荷达到最大值时使连接件破坏、分开和打滑等，从而防止机器中重要零件的损坏。

离心离合器有自动连接的和自动分离的两种。在机器起动后，当主动轴转速升高到某一定值时，离合器上瓦块的离心力将克服弹簧拉力作用在外鼓轮上，从而将运动传递到从动轴；后者是限制从动轴最高转速的一种装置，当轴的转速升高到某一定值时，离合器就会由于离心力的作用而处于分离状态。

超越离合器利用棘轮—棘爪的啮合或滚柱、楔块的楔紧作用单向传递运动或扭矩。当主动轴反转或转速低于从动轴时，离合器就自动分离，是一种定向离合器。啮合式结构简单，但外形尺寸大，分离状态下有噪声，常用于低速不重要的场合。楔紧式结合平稳，无噪声，外形尺寸小，但制造工艺要求高，可用于高速和重载情况。

4. 制动器

制动器是使机械中的运动件停止或减速的机械零件，俗称刹车或闸。制动器主要由制动架、制动件和操纵装置等组成。为了减小制动力矩和结构尺寸，通常装在高速轴上。但对安全性要求高的机器，如电梯和矿井卷扬机等，则应直接装在卷筒轴上。

制动器分为摩擦式和非摩擦式两类。摩擦式制动器靠制动件和运动件的摩擦力制动。控制动件的结构形式又分为块式制动器、带式制动器和盘式制动器等。摩擦式制动器按制动件所处工作状态还分为常闭式制动器和常开式制动器。前者经常处于紧闸状态，要施加外力才能解除制动作用；后者经常处于松闸状态，要施加外力才能制动。非摩擦式制动器有电磁制动器和水涡流制动器。

块式制动器是靠制动块压紧在制动轮上实现制动的制动器。单个制动块对制动轮轴压力大而不匀，故多用一对制动块，使制动轮轴上所受制动块的压力抵消。块式制动器有外抱式和内张式两种。外抱式制动器的磁铁直接装在制动臂上。工作时，动铁芯绕销轴实现松闸；磁铁断电时靠主弹簧紧闸。这种制动器结构紧凑，紧闸和松闸动作快，但冲击力大。内张式制动器的制动块位于制动轮的内部，通过踏板、拉杆和凸块使制动块张开，压紧制动轮内面而紧闸，松开踏板则弹簧拉回制动块而松闸。这种制动器也可用液压或气压等操作。内张式块式制动器结构紧凑，防尘性好，可用于空间受限制的场合，广泛用于各种车辆。

带式制动器是利用挠性钢带压紧制动轮来实现制动的制动器。挠性钢带中多装有皮革、木块或石棉摩擦材料，以增大摩擦系数和减轻带的磨损。带式制动器构造简单，尺寸紧凑，但制动轮轴上受力较大，摩擦面上压力分布不均匀，因而磨损也不均匀。这种制动器通常用于中小型起重机、车辆和人力操纵的场合，不如块式制动器应用广泛。

盘式制动器是靠圆盘间的摩擦力实现制动的制动器，主要有全盘式和点盘式两种。全盘式制动器由定圆盘和动圆盘组成。定圆盘通过导向平键或花键连接于固定壳内，而动圆盘用导向平键或花键装在制动轴上，并随轴一起旋转。当受到轴向力时，动、定圆盘相互压紧而制动。这种制动器结构紧凑，摩擦面积大，制动力矩大，但散热条件差。点盘式制动器的制动块通过液压驱动装置夹紧装在轴上的制动盘而实现制动。为增大制动力矩，可采用数对制动块。各对制动块在径向上成对布置，以使制动轴不受径向力和弯矩作用。点盘式制动器比全盘式制动器散热条件好，装拆也比较方便。盘式制动器体积小、质量小、动作灵敏，较多地用于起重运输机械和卷扬机等机械中。

5. 密封

密封是防止工作介质从机器（或设备）中泄露或外界杂质侵入其内部的一种措施。密封分为静密封和动密封。机械（或设备）中相对静止件间的密封称为静密封；相对运动件间的密封称为动密封。被密封的工作介质可以是气体、液体或粉状固体。密封不良会降低机器效率、造成浪费和污染环境。易燃、易爆或有毒性的工作介质泄露会危及人身和设备安全。气、水或粉尘侵入设备会污染工作介质，影响产品质量，增加零件磨损，缩短机器寿命。

第二节　加工工艺及方案自动化

一、自动化制造系统技术方案

（一）自动化制造系统技术方案内容

（1）根据加工对象的工艺分析，确定加工工艺方案内容，包括加工工艺、相应的工装夹具和加工设备等。

（2）根据年生产计划，核算生产能力，确定加工设备品种、规格及数量配置。

（3）按工艺要求、加工设备及控制系统性能特点，对国内外市场可供选择的工件输送装置的市场情况和性能价格状况进行分析，最后确定工件输送及管理系统方案。

（4）按工艺、加工设备及刀具更换的要求，对国内外市场可供选择的刀具更换装置的类型作综合分析，最后确定刀具输送更换及管理系统方案。

（5）按自动化制造系统目标、工艺方案的要求，确定必要的清洗、测量、切削液的回收、切屑处理及其他特殊处理设备的配置。

（6）根据自动化制造系统目标和系统功能需求，结合计算机市场可供选择的机型及其性能价格状况、本企业已有资源及基础条件等，综合分析确定系统控制结构及配置方案。

（7）根据自动化制造系统的规模、企业生产管理基础水平及发展目标，综合分析确定数据管理系统方案。如果企业准备进一步推广应用 CIMS 技术，则统筹规划配置商用数据库管理系统是合理的，也是必要的。

（8）根据控制系统的结构形式、自动化制造系统的规模及企业技术发展目标，综合分析确定通信网络方案。

（二）确定自动化制造系统的技术方案时需要注意的问题

1. 自动化制造系统方案必须结合工厂实际

在规划和实施自动化制造系统过程中，必须结合工厂实际情况，与国内自动化发展水平相适应。就制造业的整体水平来看，我国仍处于工业化进程中，与工业发达国家还有较大差距，主要表现在：

（1）自动化程度较低。工业发达国家已普及制造自动化技术，并已朝着以计算机控制的柔性化、集成化、智能化为特征的更高层次的自动化阶段发展，而我国制造企业的自动化水平相对较低。

（2）企业管理方式落后。一些工业发达国家已普遍应用了企业资源计划

（Enter-prise Resource Planning，ERP）、准时生产（Just-In-Time，JIT）等现代管理技术和系统，进入了广泛应用计算机辅助生产管理的阶段。同时，各种新的生产模式、组织与管理方式不断涌现，出现了诸如并行工程、精益生产、敏捷制造等新模式。而我国大多数企业尚未建立起现代科学管理体系，全面实施计算机辅助生产管理的企业更少。在这种管理现状下，采用自动化制造系统经常会遇到基础数据标准化程度低、数据残缺不全等问题。

（3）职工素质急需提高。一些企业的职工，甚至高层管理人员在普及现代高科技和管理技术时思想观念还较陈旧。

以上是影响采用自动化制造系统的不利因素。规划自动化制造系统时，必须扬长避短，采用适合国情和厂情的战略和措施。

2. 始终坚持需求驱动、效益驱动的原则

只有真正解决企业的"瓶颈"问题，使企业收到实效，自动化制造才会有生命力。

3. 加强关键技术的攻关和突破

在自动化制造系统实施过程中必然会遇到许多技术问题，在这种情况下只有集中优势兵力突破关键技术，才能使系统获得成功。

4. 重视管理

既要重视管理体制对自动化制造系统的影响，也要加强对自动化制造系统工程的管理。只有二者兼顾，自动化制造系统的实施才会成功。

5. 注重系统集成效益

如果企业还要发展应用 CIMS，那么自动化制造系统只是 CIMS 的一个子系统，除了优化自动化制造系统本身，CIMS 的总体效益最优才是最终目标。

6. 注重教育与人才培训

采用自动化制造系统技术要有雄厚的人力资源作为保障，因此，只有重视教育，加强对工程技术人员及管理人才的培训，才能使自动化制造系统发挥应有的作用。

二、自动化加工工艺方案涉及的主要问题

（一）自动化加工工艺的基本内容与特点

1. 自动化加工工艺方案的基本内容

随着机械加工自动化程度的提高，自动化加工的工艺范围也在不断扩大，自动化加工工艺的基本内容包括大部分切削加工，如车削、钻削、滚压加工等；还有部分非切削加工，如自动检测、自动装配等。

2. 自动化加工工艺方案的特点

（1）自动化加工中的毛坯精度比普通加工要求高，并且在结构工艺性上要考虑适应自动化加工的需要。

（2）自动化加工的生产率比采用万能机床的普通加工一般要高几倍至几十倍。

（3）自动化加工中的工件加工精度稳定，受人为影响因素小。

（4）自动化加工系统中切削用量的选择，以及刀具尺寸控制系统的使用，是以保证加工精度、满足一定的刀具耐用度、提高劳动生产率为目的的。

（5）在多品种小批量的自动化加工中，在工艺方案上考虑以成组技术为基础，充分发挥数控机床等柔性加工设备在适应加工品种改变方面的优势。

（二）实现加工自动化的要求

1. 提高劳动生产率

提高劳动生产率是评价加工过程自动化是否优于常规生产的标准，而最大生产率是建立在产品的制造单件时间最少和劳动量最小的基础上的。

2. 稳定和提高产品质量

产品质量的好坏，是评价产品本身和自动加工系统是否具有使用价值的重要标准。产品质量的稳定和提高是建立在自动加工、自动检验、自动调节、自动适应控制和自动装配水平的基础上的。

3.降低产品成本和提高经济效益

产品成本的降低，不仅能减轻用户的负担，而且能提高产品的市场竞争力，使工厂获得更多的利润，从而积累资金和扩大再生产。

4.改善劳动条件和实现文明生产

采用自动化加工必须符合减轻工人劳动强度、改善职工劳动条件、实现文明生产和安全生产的标准。

5.适应多品种生产的可变性及提高工艺适应性程度

随着生产技术的发展，人们对设备的使用性能和品种的要求有所提高，产品更新换代加快，因此自动化加工设备应具有足够的可变性和产品更新后的适应性。

（三）成组技术在自动化加工中的应用

成组技术（Group Technology，GT）就是将企业生产的多种产品、部件和零件按照特定的准则（分类系统）分类，并在分类的基础上组织产品生产，从而实现产品设计、制造工艺和生产管理的合理化。成组技术是通过对零件之间客观存在的相似性进行标识，按相似性准则将零件分类来达到上述目的的。零件的工艺相似性包括装夹、工艺过程和测量方式的相似性。

在上述条件下，零件加工就可以采用该组零件的典型工艺过程，成组可调工艺装备（刀具、夹具和量具）来进行，不必设计单独零件的工艺过程和专用工艺装备，从而显著减少生产准备时间和费用，也减少了重新调整的时间。

采用成组技术不仅可使工件按流水作业方式生产，且工位间的材料运输和等待时间，以及费用都可以减少，并简化了计划调度工作。流水生产显然易于实现自动化，从而提高生产率。

必须指出的是，在成组加工条件下，形状、尺寸及工艺路线相似的零件，合在一组在同一批中制造，有时会出现某些零件会早于或迟于计划日期完成，从而使零件库存费用增加，但这个问题，在制成成品时，可能就不存在了。

1. 成组技术在产品设计中的应用

通过成组技术重复使用设计信息，不仅能显著缩短设计周期和减少设计工作量，还为制造信息的重复使用创造了条件。

成组技术在产品设计中的应用，不仅是零件图的重复使用，更重要的是为产品设计标准化明确了方向，提供了方法和手段，并可获得巨大的经济效益。以成组技术为基础的标准化是促进产品零部件通用化、系列化、规格化和模块化的杠杆，其目的是：

（1）产品零件的简化，用较少的零件满足多样化的需求。

（2）零件设计信息的多次重复使用。

（3）零件设计为零件制造的标准化和简化创造了条件。

根据不同情况，可以将零件标准化分成零件主要尺寸的标准化、零件中功能要素配置的标准化、零件基本形状标准化、零件功能要素标准化以及整个零件是标准件等不同的等级，按实际需要加以利用，在设计标准化的基础上实现工艺标准化。

2. 成组技术在车间设备布置中的应用

中小批生产中采用的传统"机群式"设备布置形式，由于物料运送路线的混乱状态，增加了管理的困难，如果按零件组（族）组织成组生产，并建立成组单元，机床就可以布置为"成组单元"形式。这样物料流动直接从一台机床到另一台机床，不需要返回，既方便管理，又可将物料搬运工作简化，并将运送工作量降至最低。

3. 成组调整和成组夹具

回转体零件实现成组工艺的基本原则是调整的统一。如在多工位机床上加工时（如转塔车床、自动车床），调整的统一是夹具和刀具附件的统一，即在相同条件下用同一套刀具及附件加工一组或几个组的零件。由于回转体零件所使用的夹具形式和结构差别不大，较易做到统一，因此，用同一套刀具及其附件是实现回转体零件成组工艺的基本要求。由于数控车削中心的发展及完善，在数控车削中心上很容易实现回转体零件的成组工艺。

非回转体零件实现成组工艺的基本原则之一是零件必须采用统一的夹具，即成组夹具。成组夹具是可调整夹具，即夹具的结构可分为基本部分（夹具体、传动装置等）和可调整部分（如定位元件、夹紧元件）。基本部分对某一零件组或同类数个零件组都适用不变。当加工零件组中的某一零件时，只需要调整或更换夹具上的可调整部分，即调整和更换少数几个定位或夹紧元件，就可以加工同一组中的任何零件。

现有夹具系统中，如通用可调整夹具、专业化可调整夹具、组合夹具均可作为成组夹具使用。采用哪一种夹具结构，主要由批量的大小、加工精度的高低、产品的生命周期等因素决定，通常零件组批量大、加工精度要求高时都采用专用化可调整夹具，零件组批量小可采用通用可调整夹具和组合夹具，如产品生命周期短，则用组合夹具。

综上所述，成组技术的制造模式与计算机控制技术相结合，为多品种、小批量的自动化制造开辟了广阔的前景。因此，成组技术被称为现代制造系统的基础。

在自动化制造系统中采用成组技术的作用和效益主要体现在以下几个方面：

（1）利用零件之间的相似性进行归类，从而扩大了生产批量，可以以少品种、大批量生产的生产率和经济效益实现多品种、中小批量的自动化生产。

（2）在产品设计领域，提高了产品的继承性和标准化、系列化、通用化程度，大大减少了不必要的多样化和重复性劳动，缩短了产品的设计研制周期。

（3）在工艺准备领域，成组可调工艺装备（包括刀具、夹具和量具）的应用，大大减少了专用工艺装备的数量，相应地减少了生产准备的时间和费用，也减少了由于工件类型改变而引起的重新调整时间，降低了生产成本，缩短了生产周期。

三、工艺方案的技术经济分析

（一）自动化加工工艺方案的制订

工艺方案是确定自动化加工系统的工艺内容、加工方法、加工质量及生产率的基本条件，是进行自动化设备结构设计的重要依据。工艺方案制定得正确与否，关系到自动化加工系统的成败。所以，对于工艺方案的制定必须给予足够的重视，要密切联系实际，力求做到工艺方案可靠、合理、先进。

1. 工件毛坯

旋转体工件毛坯，多为棒料、锻件和少量铸件。箱体、杂类工件毛坯，多为铸件和少量锻件，目前箱体类工件大多采用钢板焊接件。

供自动化加工设备加工的工件毛坯应采用先进的制造工艺，如金属模型、精密铸造和精密锻造等，以提高工件毛坯的精度。

工件毛坯尺寸和表面形状公差要小，以保证加工余量均匀；工件硬度变化范围小，以保证刀具寿命稳定，有利于刀具管理。这些因素都会影响工件的加工工序和输送方式，毛坯余量过大和硬度不均会导致刀具耐用度下降，甚至损坏，硬度的变化范围过大，还会影响精加工质量（尺寸精度、表面粗糙度）的稳定。

考虑到自动化加工设备加工工艺的特点，在制定方案时，可以对工件和毛坯做某些工艺和结构上的局部修改，有时为了实现直接输送，在箱体、杂类工件上要做出某些工艺凸台、工艺销孔、工艺平面或工艺凹槽等。

2. 工件定位基面的选择

工件定位基准应遵循一般的工艺原则，旋转体工件一般以中心孔、内孔或外圆以及端面或台肩面做定位基准，直接输送的箱体工件一般以"两销一面"作为定位基准。此外，还需注意以下几点：

（1）应当选用精基准定位，以减少在各工位上的定位误差。

（2）尽量选用设计基准作为定位面，以减少两种基准的不重合而产生的定位误差。

（3）所选的定位基准，应使工件在自动化设备中输送时转位次数最少，以减少设备数量。

（4）尽可能地采用统一的定位基面，可以减少安装误差，有利于夹具结构的通用化。

（5）所选的定位基面应使夹具的定位容易夹紧机构。

（6）对箱体、杂类工件，所选定位基准应使工件露出尽可能多的加工面，以便实现多面加工，确保加工面间的相对位置精度，减少机床台数。

3. 直接输送时工件输送基面

（1）旋转体工件输送基面。旋转体工件输送方式通常为直接输送。

①小型旋转体工件，可借其重力，在输送料道中进行滚动和滑动输送。滚动输送一般以外圆作支承面，两端面为限位面。为防止输送过程中，工件在料槽中倾斜、卡死，要注意工件限位面与料槽之间保持合理的间隙。此外，两端支承处直径尺寸应一致，并使工件重心在两支承点的对称线处，轴类工件纵向滑动输送时以外圆作为输送基面。

②当难以利用重力输送时或为提高输送可靠性，可采用强迫输送。轴类工件以两端轴颈作为支承，用链条式输送装置输送或以外圆做支承，从一端面推动工件沿料道输送。盘、环类工件以端面作为支承，用链板式输送装置输送。

（2）箱体工件输送基面。箱体工件加工自动线的工件输送方式有直接输送和间接输送两种。直接输送工件不需随行夹具及其返回装置，并且在不同工位容易更换定位基准，在确定设备输送方式时，应优先考虑直接输送。箱体类工件输送基面，一般以底面为输送面，两侧面为限位面，前后面为推拉面。当采用步进式输送装置时，输送面和两侧限位面在输送方向上应有足够的长度，以防止输送时工件偏斜。畸形工件采用抬起步进式输送装置时，工件重心应落在支承点包围的平面内。当机床夹具对工件输送位置有严格要求时，工件的推拉面与工件的定位基准之间应有精度要求。畸形工件采用抬起步伐式输送装置或托盘输送时，应尽可能使输送限位面与工件定位基准一致。

（3）工艺流程的拟订。拟订工艺流程是制定自动化设备工艺方案工作中最重要的一步，直接关系到加工系统的经济效果及其工作的可靠性。

（二）加工工艺的经济分析

1. 评价工艺方案的意义与原则

（1）正确选定工艺方案的经济意义

工业生产中的产品、材料、工艺与设备是决定经济效益的基本因素。随着社会的发展和科技的进步将会不断涌现新产品、新材料、新工艺和新设备，它反映了工业技术的水平，成为提高经济效益、推动生产力发展的动力。新产品的产生和发展，固然是满足社会需要及企业创收的主要手段，但没有可靠的加工工艺作为基础，也不可能把设想变为现实。

（2）机械加工工艺的选择原则

①工序尽量集中。工序高度集中，可以减少零件加工中的耗费。工序集中最有效的方法是采用多刀切削或多刃切削，可使基本时间和辅助时间大大缩短。在一些特定条件下，也不排除采用工序分散的方式。

②改进毛坯生产工艺。改进毛坯生产方式，可减少切削加工余量，提高产品的加工质量，减少刀具磨损，缩短切削加工的时间，有效地提高劳动生产率。

③合理选择夹具。在选择工艺装备时，尽可能采用快速夹紧装置，以实现机械化和自动化，减少辅助时间。

2.影响工艺方案评价的主要因素

在选择最佳工艺方案的技术经济评价中，不仅要考虑上述原则，还要考虑其具体使用条件。使用条件中的某些因素，将直接影响评价效果。

（1）不同加工对象对工艺评价的影响。电解加工与铣削加工相比有很多优点。电解加工不受金属材料本身硬度和强度的限制，也不受工件形状限制，且加工质量高、操作容易、生产率高等。即使这样，对于不同加工对象，也会有不同加工效果。加工喷气发动机叶片时，如采用机械铣削，则生产率低、加工周期长。而采用电解加工，在一次行程中就可加工出复杂的叶片型面，生产率高，表面质量好，工艺成本也低。对于一些铣削面积极小的被加工零件，采用机械铣削比采用电解加工技术经济效果要好。

（2）生产类型对工艺方案评价的影响。生产类型对采用工艺方案的技术经济效果影响很大。许多先进的毛坯制造方法，高效、专用、自动设备以及快速气动夹具与液压夹具等，仅适用于成批大量的生产。如果生产类型属于单位小批量生产，将设备费用、工装费用及其调整费用等平摊到每个零件上，工艺成本较高，从而大大降低技术经济效果。故某种工艺只能较为合理地应用于某一批量范围。从另一个角度讲，生产类型不同，其工序划分、生产组织管理及对工人技术等级要求也有很大差别。如工艺方案安排不得当，也会直接或间接加大工艺成本，使经济效果下降。

（3）切削用量选择对工艺评价的影响。在保证产品质量的前提条件下，切削用量选择的正确与否，对工艺方案的技术经济效果评价也有很大影响。在一般情况下，为提高生产率，总想把切削用量选择得大些，而实际生产中切削用量选择受到机床动力、刀具耐用度及加工精度等条件的限制。切削用量选择的原则是：首先尽量增加切削深度，其次是增加进给量，最后是取尽可能大的切削深度。这是因为切削用量对刀具耐用度具有不同影响。增大切削深度不仅可以减少基本时间，还可以减少辅助时间，在机床功率和工艺系统刚性允许的情况下，切削深度可由加工余量决定，在粗加工时，切削深度取大，可通过一次走刀将余量全部切除，半精加工和精加工切削深度可适量选小。为提高工艺方案的技术经济效果，正确合理选取切削用量，还要通过实验或查阅有关手册来获得数据。

3. 工艺方案改革的技术经济分析

（1）工艺成本的分析。对于一般工艺方案的技术经济分析，主要是利用一些技术经济指标。然而对生产规模较大的工艺方案进行技术经济分析，则需要估算工艺成本和投资指标，也就是说，工艺分析的核心问题是工艺成本的确定。此处所谓的工艺成本是指所分析的工艺方案的成本。它和产品的生产成本并不同。产品的生产成本是按制造成本法计算的，由基本生产成本和应分配的制造费用构成，生产该产品期间产生的间接费用，如利息支出、技术转让费、职工培训费及行政管理费等，分别列入财务费用或管理费用，此二者不再摊入产品成本，而是于期末直接转入本年利润科目。

（2）单、多工序工艺方案的选择。进行单工序工艺方案分析，一般采用工艺成本降低额、投资节约额和投资回收期等指标。通常可采用的方法包括图解法、解析法。

毛坯经过一系列加工成为合格产品，通常会有几种工艺方案。选取加工时间最短或工艺成本最低的方案，就是工艺路线优化分析。当问题包含的组合方案比较少时，采用穷举法即可计算出可能的总加工时间或总工艺成本，然后从中选出一个最少时间或最低成本的方案。但是当问题所含的组合方案比较多，特别是前后工序间彼此影响较大时，采用穷举法工作量就非常大。此时，采用动态规划网络技术，则可用减轻计算工作，有两种方法可供选择：①动态规划网络法；②动态规划网络法应用举例。

（3）加强工艺薄弱环节的技术经济分析。在生产活动中，由于采用了一些技术改造措施，原本基本平衡的生产工艺发生变化。这种变化必然使部分设备与工艺装备不能充分发挥其效能，使产量减少，导致工艺成本构成不合理。对于工艺薄弱环节的改革，往往不需要增加太多投资，却能带来较大的经济效益。计算改造薄弱环节的经济效果，主要是分析改造前后工艺成本是否发生了变化。

第三章

机械制造自动化技术分析

第一节　机械制造自动化概述

一、机械化与自动化

人在生产中的劳动，包括基本的体力劳动、辅助的体力劳动和脑力劳动。基本的体力劳动是指直接改变生产对象的形态、性能和位置等的体力劳动。辅助的体力劳动是指完成基本体力劳动所必须做的其他辅助性工作，如检验、装夹工件、操纵机器的手柄等。脑力劳动是指决定加工方法、工作顺序、判断加工是否符合图纸技术要求、选择切削用量以及设计和技术管理工作等。

由机械及其驱动装置来完成人所承担的繁重的体力劳动的过程，称为机械化。例如，用自动走刀代替手动走刀，称为走刀机械化；用车子运输代替肩挑背扛，称为运输机械化。由人和机器构成的有机集合体就是一个机械化生产的人机系统。

人的基本的体力劳动由机器代替的同时，人对机器的操纵、工件的装卸和检验等辅助劳动也被机器代替，并由自动控制系统或计算机代替人的部分脑力劳动的过程，称为自动化。人的基本的体力劳动实现机械化的同时，辅助劳动也实现了机械化，就形成了某一种加工工艺的自动生产线，这一过程通常称为工艺过程自动化。

一个零部件（或产品）的制造包括若干个工艺过程，如果每个工艺过程不仅都实现了自动化，而且它们之间是自动地、有机地联系在一起，也就是说，从原材料到最终产品的全过程都不需要人工干预，这就形成了制造过程自动化。机械制造自动化的高级阶段就是自动化车间，甚至是自动化工厂。

二、制造与制造系统

制造是人类所有经济活动的基石，是人类历史发展和文明进步的动力。制造是人类按照市场需求，运用掌握的知识和技能，手工操作或利用客观物质工具，采用有效的工艺方法和必要的能源，将原材料转化为最终物质产品并投放市场的全过程。制造也可以理解为制造企业的生产活动，即制造也是个输入输出系统，其输入是生产要素，输出是具有使用价值的产品。制造的概念有广义和狭义之分，狭义的制造是指生产车间与物流有关的加工和装配过程，相应的系统称为狭义制造系统；广义的制造则包括市场分析、经营决策、工程设计、加工装配、质量控制、生产过程管理、销售运输、售后服务直至产品报废处理等整个产品生命周期内一系列相关联的生产活动，相应的制造系统称为广义制造系统。在当今的信息时代，广义制造的概念已为越来越多的人接受。

1990年国际生产工程学会将制造定义为：制造是涉及制造工业中产品设计、物料选择、生产计划、生产过程、质量保证、经营管理、市场销售和服务的一系列活动的总称。

三、自动化制造系统

（一）具有一定技术水平和决策能力的人

现代自动化制造系统是充分发挥人的作用、人机一体化的柔性自动化制造系统，因此，系统的良好运行离不开人的参与。对于自动化程度较高的制造系统，如柔性制造系统，人的作用不仅体现在对物料的准备和对信息流的监视和控制上，还体现在需要更多地参与物流过程。总之，自动化制造系统对人的要求不是降低了，而是提高了，它需要具有一定技术水平和决策能力的人参与。目前流行的小组化工作方式不仅要求"全能"的操作者，还要求他们之间有良好合作精神。

（二）一定范围的被加工对象

现代自动化制造系统能在一定的范围内适应加工对象的变化，变化范围一般是在系统设计时就确定了的。现代自动化制造系统对加工对象的划分一般基于成组技术原理。

（三）信息流及其控制系统

自动化制造系统的信息流既控制着物流过程，也控制产品的制造质量。系统的自动化程度、柔性程度以及与其他系统的集成程度都与信息流控制系统密切相关，应特别注意提高它的控制水平。

（四）能量流及其控制系统

能量流为物流过程提供能量，以维持系统的运行。在供给系统的能量中，一部分能量用来维持系统运行，做了有用功；另一部分能量则以摩擦和传送过程的损耗等形式被消耗掉，并对系统造成损害。在设计制造系统的过程中，要格外注意能量流系统的设计，以优化利用能源。

（五）物料流及物料处理系统

物料流及物料处理系统是自动化制造系统的主要运作形式，该系统在人的帮助下自动地将原材料转化成最终产品。一般来讲，物料流及物料处理系统包括各种自动化或非自动化的物料储运设备、工具储运设备、加工设备、检测设备、清洗设备、热处理设备、装配设备、控制装置和其他辅助设备等。各种物流设备的选择、布局及设计是自动化制造系统规划的重要内容。

四、机械制造自动化的途径

产品对象（包括产品的结构、材质、重量、性能、质量等）决定着自动装置和自动化方案的内容；生产纲领的大小影响着自动化方案的完善程度、性能和效果；产品零件决定着自动化的复杂程度；设备投资和人员构成决定着自动化的水平。因此，要根据不同情况，采用不同的加工方法。

（一）单件、小批量生产机械化及自动化的途径

据统计，在机械产品中，单件生产占30%，小批量生产占50%。因此，解决单件、小批量生产的自动化问题非常重要。而在单件、小批量生产中，往往辅助工时所占的比例较大，而仅以采用先进的工艺方法来缩短加工时间并不能有效地提高生产率。在这种情况下，只有使机械加工循环中各个单元动作及循环外的辅助工作实现机械化、自动化，同时减少加工时间和辅助时间才能达到提高生产率的目的。因此，采用简易自动化使局部工步、工序自动化，是实现单件、小批量生产的自动化的有效途径。

具体方法如下：

①采用机械化、自动化装置，来实现零件的装卸、定位、夹紧机械化和自动化。

②实现工作地点的小型机械化和自动化，如采用自动滚道、运输机械、电动及气动工具等装置来减少辅助时间，同时也可降低劳动强度。

③改装或设计通用的自动机床，实现操作自动化，以完成零件加工的个别单元的动作或整个加工循环的自动化，提高劳动生产率和改善劳动条件。改装或新设计的通用自动化机床，必须满足使用经济、调整方便省时、改装方便迅速以及保持机床万能性等基本要求。

（二）中等批量生产的自动化途径

中等批量生产的批量虽比较大，但产品品种并不单一。中等批量生产的自动化系统仍应具备一定的可变性，以适应产品和工艺的变换。从各国发展情况来

看，有以下趋势。

1. 建立可变自动化生产线，在成组技术基础上实现"成批流水作业生产"

应用 PLC 或计算机控制的数控机床和可控主轴箱、可换刀库的组合机床，建立可变的自动线。在这种可变的自动生产线上，可以加工和装夹几种零件，既保持了自动化生产线的高生产率特点，又增强了其工艺适应性。

对可变自动化生产线的要求如下：

①所加工的同批零件具有结构上的相似性。

②设置"随行夹具"，解决同一机床上能装夹不同结构工件的自动化问题。这时，每一夹具的定位、夹紧都是根据工件设计的，而各种夹具在机床上的连接则有相同的统一基面和固定方法。加工时，夹具连同工件一块移动，直到加工完毕，再退回原位。

③自动线上各台机床具有相应的自动换刀库，可以使加工中的换刀和调整实现自动化。

④对于生产批量大的自动化生产线，要求所设计的高生产率自动化设备对同类型零件具有一定的工艺适应性，以便在产品变更时能够迅速调整。

2. 采用具有一定通用性的标准化的数控设备

对于单个的加工工序，力求设计时采用机床及刀具能迅速重调整的数控机床及加工中心。

3. 设计制造各种可以组合的模块化典型部件，采用可调的组合机床及可调的环形自动线

对于箱体类零件的平面及孔加工工序，则可设计或采用具有自动换刀的数控机床或可自动更换主轴箱，并带自动换刀库、自动夹具库和工件库的数控机床。这些机床都能够迅速改变加工工序内容，既可单独使用，又便于组成自动线。在设计、制造和使用各种自动的多能机床时，应该在机床上装设各种可调的自动装料、自动卸料装置、机械手和存储、传送系统，并应逐步采用计算机来控制，以便实现机床的调整"快速化"和自动化，尽量减少重调整时间。

（三）大批量生产的自动化途径

目前，实现大批量生产的自动化的条件已经比较成熟，主要有以下几种途径。

1.广泛地建立适于大批量生产的自动线

国内外的自动化生产线生产经验表明：自动化生产线具有很高的生产率和良好的技术经济效果。目前，大量生产的工厂已普遍采用了组合机床自动线和专用机床自动线。

2.建立自动化工厂或自动化车间

大批量生产的产品品种单一、结构稳定、产量很大，具有连续流水作业和综合机械化的优势。因此，在自动化的基础上按先进的工艺方案建立综合自动化车间和全盘自动化工厂，是大批量生产的发展方向。目前正向着集成化的机械制造自动化系统的方向发展。自动化工厂或自动化车间是建立在系统工程学的基础上，应用电子计算机、机器人及综合自动化生产线所建的大型自动化制造系统，不仅能够实现从原材料投入到热加工、机械加工、装配、检验再到包装的物流自动化，而且实现了生产的经营管理、技术管理等信息流的自动化和能量流的自动化。因此，常把这种大型的自动化制造系统称为全盘自动化系统。但是实现全盘自动化系统还有许多复杂的工艺问题、管理问题和自动化的技术问题需要解决。除了理论研究，还需要建立典型的自动化车间、自动化工厂来深入进行实验，从中探索全盘自动化生产和规律，使之不断完善。

3.建立"可变的短自动线"及"复合加工"单元

采用包含 2～4 个工序的一小串加工机床建立的自动线，短小灵活，有利于解决大批量生产的自动化生产线的可变性问题。

4.改装和更新现有老式设备，提高自动化程度

把大批量生产中的老式设备改装或更新成专用的高效自动机床，或者是半自动机床。改装的方法是：安装各种机械的、电气的、液压的或气动的自动循环刀架，如程序控制刀架、转塔刀架和多刀刀架；安装各种机械化、自动化的工作

台，如各种机械式、气动、液压或电动的自动工作台模块；安装自动送料、自动夹紧、自动换刀的刀库、自动检验、自动调节加工参数的装置、自动输送装置和工业机器人等自动化的装置，以提高大量生产中各种旧有设备的自动化程度。这种改造能有效地提高生产率，为实现工艺过程自动化创造条件。

第二节　机械制造自动化系统

一、机械制造自动化系统的构成

一般的机械制造自动化系统主要分为 4 个部分。

（1）加工系统：能完成工件的切削加工、排屑、清洗和测量的自动化设备与装置。

（2）工件支撑系统：能完成工件输送、搬运以及存储的工件供给装置。

（3）刀具支撑系统：包括刀具的装配、输送、交换和存储装置以及刀具的预调和管理系统。

（4）控制与管理系统：对制造过程进行监控、检测、协调与管理。

二、机械制造自动化系统的分类

对机械制造自动化的分类目前还没有统一的方式。综合国内外各种资料，大致可按下面几种方式来分类：

①按制造过程，分为毛坯制备过程自动化、热处理过程自动化、储运过程自动化、机械加工过程自动化、装配过程自动化、辅助过程自动化、质量检测过程自动化和系统控制过程自动化。

②按设备分，分为局部动作自动化、单机自动化、刚性自动化、刚性综合自动化系统、柔性制造单元、柔性制造系统。

③按控制方式，分为机械控制自动化、机电液控制自动化、数字控制自动化、计算机控制自动化、智能控制自动化。

④按生产批量，分为大批量生产自动化、中等批量生产自动化、单件小批量生产自动化。

三、机械制造自动化设备的特点及适用范围

不同的自动化类型有着不同的性能和不同的应用，应根据需要选择适合的自动化系统。下面按设备的分类做一个简单的介绍。

（一）刚性半自动化单机

除上下料外，机床可以自动地完成单个工艺过程，这样的机床称为刚性半自动化单机。如单台组合机床、通用多刀半自动车床、转塔车床等。这种机床采用的是机械或电液复合控制。从复杂程度讲，刚性半自动化单机是加工自动化的最低层次，但其投资少、见效快，适用于产品品种变化范围和生产批量都较大的制造系统。其缺点是调整工作量大，加工质量较差，工人的劳动强度也大。

（二）刚性自动化单机

这是在刚性半自动化单机的基础上增加自动上下料装置而形成的自动化机床。因此，这种机床实现的也是单个工艺过程的全部加工循环。这种机床往往需要定制或改装，常用于品种变化很小但生产批量特别大的场合。如组合机床、专用机床等。其主要特点是投资少、见效快，但通用性差，是大量生产中最常见的加工设备。

（三）刚性自动化生产线

刚性自动化生产线（简称"刚性自动线"）是用工件输送系统将各种刚性自动化加工设备和辅助设备按一定的顺序连接起来，在控制系统的作用下完成单个零件加工的复杂大系统。在刚性自动线上，被加工零件以一定的生产节奏，顺

序通过各个工作位置，具有统一的控制系统和严格的生产节奏。与自动化单机相比，它的结构复杂，完成的加工工序多，所以生产率也很高，是品种少、大量生产必不可少的设备。除此之外，刚性自动化还具有有效缩短生产周期、取消半成品的中间库存、缩短物料流程、减少生产面积、改善劳动条件、便于管理等优点。它的主要缺点是投资大、系统调整周期长、更换产品不方便。为了消除这些缺点，人们设计了组合机床自动线，可以大幅度缩短建线周期，加工新产品时只需更换机床的某些部件（如可换主轴箱），大大缩短了系统的调整时间，降低了生产成本，获得了较好的使用效果和经济效果。组合机床自动线主要用于箱体类零件和其他类型非回转件的钻、扩、铰、镗、珩磨等工序的加工。

（四）刚性综合自动化系统

在一般情况下，刚性自动线只能完成单个零件的相同工序（如切削加工工序），不包括其他自动化制造内容，如热处理、锻压、焊接、装配、检验、喷漆等。包含上述内容的复杂大系统称为刚性综合自动化系统。刚性综合自动化系统常用于产品比较单一但工序较多、加工批量特别大的零部件的自动化制造。刚性综合自动化系统结构复杂，投资大，建线周期长，更换产品困难，但生产效率极高，加工质量稳定，工人劳动强度低。

（五）数控机床

数控机床用于完成零件一个工序的自动化循环加工。它是用代码化的数字量来控制机床，按照事先编好的程序，自动控制机床各部分的运动，还能控制选刀、换刀、测量、润滑、冷却等工作。数控机床是机床结构、液压、气动、电动、电子技术和计算机技术等综合发展的成果，也是单机自动化的重大进展。配备适应控制装置的数控机床，可以通过各种检测元件将加工条件的各种变化测量出来，然后反馈到控制装置，与预先给定的有关数据进行比较，使机床及时进行调整，这样，机床就能始终处于最佳工作状态。数控机床常用在零件复杂程度不高、精度较高、品种多变、批量中等的生产场合。

（六）加工中心

加工中心是在一般数控机床的基础上增加刀库和自动换刀装置而形成的更复杂但用途更广、效率更高的数控机床。由于其具有刀库和自动换刀装置，可以在一台机床上完成车、铣、钻、铰、攻螺纹、轮廓加工等多个工序。所以，加工中心机床具有工序集中、可以有效缩短调整时间和搬运时间、减少在制品库存、加工质量高等优点。加工中心常用于零件比较复杂，需要多工序加工，且生产批量中等的生产场合。根据所处理的对象不同，加工中心分为铣削加工中心和车削加工中心。

（七）柔性制造系统

一个柔性制造系统一般由 4 部分组成：两台以上的数控加工设备、一个自动化的物料及刀具储运系统、若干台辅助设备（如清洗机、测量机、排屑装置、冷却润滑装置等）和一个由多级计算机组成的控制和管理系统。目前，柔性制造系统是最复杂、自动化程度最高的单一性质的制造系统。柔性制造系统一般包括两类不同性质的运动，一是系统的信息流，二是系统的物料流，物料流受信息流的控制。

柔性制造系统的主要优点是：①可以减少机床操作人员；②由于配有质量检测和反馈控制装置，零件的加工质量很高；③工序集中，可以有效减少生产面积；④与立体仓库配合，可以实现 24 小时连续工作；⑤由于集中作业，可以减少加工时间；⑥易于和管理信息系统、工艺信息系统及质量信息系统结合形成更高级的自动化制造系统。

柔性制造系统的主要缺点是：①系统投资大，投资回收期长；②系统结构复杂，对操作人员要求较高；③结构复杂使得系统的可靠性较差。在一般情况下，柔性制造系统适用于品种变化不大，批量在 200 ~ 2500 件的中等批量生产。

（八）柔性制造单元

柔性制造单元是一种小型化柔性制造系统，柔性制造单元和柔性制造系统之间的界线比较模糊。但通常认为，柔性制造单元是由计算机数控机床或加工中心组成，单元中配备某种形式的托盘交换装置或工业机器人，由单元计算机进行程序编制及分配、负荷平衡和作业计划控制的小型化柔性制造系统。与柔性制造系统相比，柔性制造单元的主要优点是：占地面积较小，系统结构较简单，成本较低，投资较小，可靠性较高，使用及维护均较简单。因此，柔性制造单元是柔性制造系统的主要发展方向之一，深受各类企业的欢迎。就其应用范围而言，柔性制造单元常用于品种变化不是很大、中等批量的生产。

（九）计算机集成制造系统

计算机集成制造系统是目前最高级别的自动化制造系统，但这并不意味着计算机集成制造系统是完全自动化的制造系统。事实上，目前计算机集成制造系统的自动化程度甚至比柔性制造系统还要低。计算机集成制造系统强调的主要是信息集成，而不是制造过程物流的自动化。计算机集成制造系统的主要缺点是系统庞大，包括的内容很多，要在一个企业完全实现难度很大，但可以采取部分集成的方式，逐步实现整个企业的信息及功能集成。

四、机械制造自动化的辅助设备

机械制造自动化加工过程中的辅助工作包括工件的装夹、工件的上下料在加工系统中的运输和存储、工件的在线检验、切屑与切削液的处理等。要实现加工过程自动化，降低辅助工时，提高生产率，就要采用相应的自动化辅助设备。

所加工产品的品种和生产批量、生产率的要求以及工件结构形式，决定了所采用的自动化加工系统的结构形式、布局、自动化程度，也决定了所采用的辅助设备的形式。

（一）中小批量生产中的辅助设备

中小批量生产中所用的辅助设备要具备一定的通用性和可变性，以适应托盘，解决在同一机床上装夹不同结构工件的自动化问题，托盘上的夹紧定位点根据工件来确定，而托盘与机床的连接则有统一的基面和固定方式。

工件的上下料可以采用通用结构的机械手，改变手部模块的形式就可以适应不同的工件。

工件在加工系统中的传输，可以采用链式或滚子传送机，工件可以与托盘和托架一起输送。在柔性制造系统中，自动运输小车很常用，也非常灵活。它可以通过交换小车上的托盘，实现多种工件、刀具、可换主轴箱的运输。对于无轨自动运输小车，改变地面敷设的感应线就可以方便地改变小车的传输路线，具有很高的柔性。

搬运机器人与传送机组合输送方式也很常用。能自动更换手部的机器人，不仅能输送工件、刀具、夹具等，还可以装卸工件，适用于工件形状和运动功能要求柔性很大的场合。

面向中小批量的柔性制造系统中可以设置中央仓库，存储生产中的毛坯、半成品、刀具、托盘等各种物料，用堆垛起重机系统自动输送存取，可实现无人化加工。

（二）大批量生产中的辅助设备

在大批量生产所采用的自动化生产线上，夹具有固定式夹具和随行夹具两种类型。固定式夹具与一般机床夹的设计原理相似，但用在自动化生产线上还应考虑结构上与输送装置之间不互相干涉，且便于排屑等。随行夹具适用于结构形状比较复杂的工件，这时加工系统中应设置随行夹具的自动返回装置。

体积较小、形状简单的工件可以采用料斗式或料仓式上料装置；体积较大形状复杂的工件（如箱体零件）可采用机械手上下料。

工件在自动化生产线中的输送可采用步伐式输送装置。步伐式输送装置有摆杆式、抬起式等几种。可根据工件的结构形式、材料加工要求等选择合适的输送方式。不便于布置步伐式输送装置的自动化生产线，也可以使用搬运机器人。回转体零件可以用输送槽式输料道输送。自动线间或设备间采用传送机输送。可以直接输送工件，也可以连同托盘或托架一起输送。运输小车也可以用于大批量生产中的工件输送。箱体类工件在加工过程中有翻转要求时，应在自动化生产线中或线间设置翻转装置。翻转动作也可以由上、下料手的手臂动作实现。

　　为了增加自动化生产线的柔性，平衡生产节拍，工序间可以设置中间仓库。自动输送工件的辊道或滑道也具有存储工件的功能。在批量生产的自动线中，自动排屑装置可以将不断产生的切屑从加工区清除。它将切削液从切屑中分离出来以便重复使用，利用切屑运输装置将切屑从机床中运出，确保自动化生产线的顺利运行。

第三节　机械自动化技术与设备

一、加工装备自动化

　　数控机床是一种高科技的机电一体化产品，是由数控装置、伺服驱动装置、机床主体和其他辅助装置构成的可编程的通用加工设备，它被广泛应用在加工制造业的各个领域。加工中心是更高级的数控机床，它除了具有一般数控机床的特点，还具有自身的特点。

（一）数控机床

1.数控机床的概念与组成

　　数字控制，简称数控（Numberical Control，NC）。数控技术是近代发展起来的一种用数字量及字符发出指令并实现自动控制的技术。采用数控技术的控制系统称为数控系统。装备了数控系统的机床就称为数字控制机床。

　　数字控制机床，简称数控机床（Numberical Control Machine Tools），它是综合应用了计算机技术、微电子技术、自动控制技术、传感器技术、伺服驱动技术、机械设计与制造技术等多方面的新成果而发展起来的，采用数字化信息对机床运动及其加工过程进行自动控制的自动化机床。

数控机床改变了用行程挡块和行程开关控制运动部件位移量的程序控制机床的控制方式，不但以数字指令形式对机床进行程序控制和辅助功能控制，还对机床相关切削部件的位移量进行坐标控制。

与普通机床相比，数控机床不但具有适应性强、效率高、加工质量稳定和精度高的优点，而且易实现多坐标联动，能加工出普通机床难以加工的曲线和曲面。数控加工是实现多品种、中小批量生产自动化的最有效方式。

数控机床主要是由信息载体、数控装置、伺服系统、测量反馈系统和机床本体等组成，如图 3-1 所示。

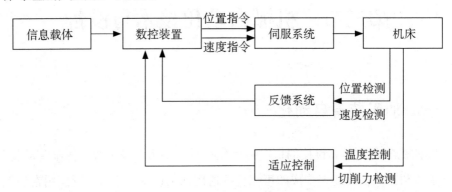

图 3-1 数控机床的组成

①信息载体。信息载体又称控制介质，它是通过记载各种加工零件的全部信息（如每件加工的工艺过程、工艺参数和位移数据等）控制机床的运动，实现零件的机械加工。常用的信息载体有纸带、磁带和磁盘等。信息载体上记载的加工信息要经输入装置输送给数控装置。

②数控装置。数控装置是数控机床的核心，它由输入装置、控制器、运算器、输出装置等组成。其功能是接受输入装置输入的加工信息，经处理与计算，发出相应的脉冲信号送给伺服系统，通过伺服系统使机床按预定的轨迹运动。它包括微型计算机电路、各种接口电路、CRT 显示器、键盘等硬件以及相应的软件。

③伺服系统。伺服系统的作用是把来自数控装置的脉冲信号转换为机床移动部件的运动，使机床工作台精确定位或按预定的轨迹做严格的相对运动，最后加工出合格的零件。伺服系统包括主轴驱动单元、进给驱动单元、主轴电动机和进给电动机等。一般来说，数控机床的伺服系统，要求有好的快速响应性能，以

及能灵敏而准确的跟踪指令功能。现在常用的是直流伺服系统和交流伺服系统，而交流伺服系统正在取代直流伺服系统。

④测量反馈系统。测量元件将数控机床各坐标轴的位移指令值检测出来并经反馈系统输入机床的数控装置中，数控装置对反馈回来的实际位移值与设定值进行比较，并向伺服系统输出达到设定值所需的位移量指令。

⑤机床本体。数控机床本体指的是数控机床机械结构实体。它与传统的普通机床一样由主传动机构、进给传动机构、工作台、床身以及立柱等部分组成，但数控机床的整体布局、外观造型、传动机构、刀系统及操作机构等方面都发生了很大的变化。这种变化的目的是满足数控技术的要求和充分发挥数控机床的特点。

机床主机是数控机床的主体。它包括床身、底座、立柱、横梁、滑座、工作台、主轴箱、进给机构、刀架及自动换刀装置等机械部件。它是在数控机床上自动地完成各种切削加工的机械部分。

2.数控机床的分类

按照工艺用途分，数控机床可以分为以下三类。

①一般数控机床。这类机床和普通机床一样，有数控车床、数控铣床、数控钻床、数控镗床、数控磨床等，每一类又都分为很多种。例如，在数控磨床中，有数控平面磨床、数控外圆磨床、数控工具磨床等。这类机床的工艺可靠性与普通机床相似，不同的是它能加工形状复杂的零件。这类机床的控制轴数一般不超过三个。

②多坐标数控机床。有些形状复杂的零件用三坐标的数控机床无法加工，如螺旋桨、飞机曲面零件等，需要三个以上坐标的合成运动，为此出现了多坐标数控机床。多坐标数控机床的特点是数控装置控制轴的坐标数较多，机床结构也比较复杂，现在常用的是坐标的数控机床。

③加工中心机床。数控加工中心是在一般数控机床的基础上发展起来的，装备有可容纳几把到几百把刀具的刀库和自动换刀装置。一般加工中心还装有可移动的工作台，用来自动装卸工件。工件经一次装夹后，加工中心便能自动地完成诸如铣削、钻削、攻螺纹、镗削、铰孔等工序。

3.数控机床的加工过程

数控加工工艺是随着数控机床的产生、发展而逐步建立起来的一种应用技术，是大量数控加工实践的经验总结，是数控机床加工零件过程中所使用的各种技术、方法的总和。

数控加工工艺设计是对工件进行数控加工的前期工艺准备工作。无论手工编程还是自动编程，在编程前都要对所加工的工件进行工艺分析、拟定工艺路线、设计加工工序等。因此，合理的工艺设计方案是编制数控加工程序的依据。编程人员必须首先做好工艺设计工作，再考虑编程。

数控机床加工的整个过程是由数控加工程序控制的，因此其整个加工过程是自动的。加工的工艺过程、走刀路线、切削用量等工艺参数应正确地编写在加工程序中。

因此，数控加工就是根据零件图及工艺要求等原始条件编制零件数控加工程序，输入机床数控系统，控制数控机床中刀具与工件的相对运动及各种操作动作，从而完成零件的加工。

4.数控加工工艺的特点

由于数控机床本身自动化程度较高，设备费用较高，设备功能较强，所以数控加工工艺具有以下几个特点。

①数控加工的工艺要求精确严密。数控加工不像普通机床加工可以由操作者自行调整。所以在数控加工的工艺设计中必须注意加工过程中的每一个细节，做到万无一失。尤其是在对图形进行数学处理、计算和编程时，一定要准确无误。

②数控加工工序相对集中。一般来说，在普通机床上加工是根据机床的种类进行单工序加工。而在数控机床上往往是在一次装夹中完成工件的钻、扩、铰、铣、镗、攻螺纹等多工序的加工，有些情况下，在一台加工中心上甚至可以完成工件的全部加工内容。

③数控加工工艺的特殊要求。由于数控机床的功率较大，刚度较高，数控刀具性能好，所以在相同情况下，加工所用的切削用量较普通机床大，提高了加

工效率。另外，数控加工工序相对集中，工艺复合化，因而数控加工的工序内容要求高，复杂程度高。数控加工过程是自动进行，故还应特别注意避免刀具与夹具、工件的碰撞及干涉。

（二）加工中心

加工中心通常是指镗铣加工中心，主要用于加工箱体及壳体类零件，工艺范围广。加工中心具有刀具库及自动换刀机构、回转工作台、交换工作台等，有的加工中心还具有交换式主轴头或卧—立式主轴。加工中心目前已成为一类广泛应用的自动化加工设备，它们可作为单机使用，也可作为FMCFMS中的单元加工设备。加工中心有立式和卧式两种，前者适用于平面形零件的单面加工，后者特别适合进行大型箱体零件的多面加工。

1.加工中心的概念与特点

加工中心是一种备有刀库并能按预定程序自动更换刀具，对工件进行多工序加工的高效数控机床。加工中心与普通数控机床的主要区别在于它能在一台机床上完成多台机床才能完成的工作。

加工中心与普通数控机床相比有以下几个特点。

①加工中心装备有自动换刀装置。在一次装夹中，通过自动更换刀具，可以自动完成镗削、铣削、钻削、铰孔、攻螺纹等工序；甚至能从毛坯直接加工到成品，大幅节省辅助工时和在制品周转时间。

②加工中心刀库系统集中管理和使用刀具，有可能用最少量的刀具，完成多工序的加工，大大提高刀具的利用率。

③加工中心加工零件的连续切削时间比普通机床高得多，所以设备的利用率高。

④加工中心上装备有托盘机构，使切削加工与工件装卸同时进行，提高了生产效率。

2.加工中心的组成

加工中心问世以来，已经发展出了多种类型，它的主要组成部分如下。

①基础部件。基础部件是加工中心的基本结构，由床身、立柱和工作台等组成，它用来承受加工中心的静载荷以及在加工时产生的切削负载，必须具有足够高的静态和动态刚度，通常是加工中心中体积和质量最大的部件。

②主轴部件。主轴部件由主轴箱、主轴电动机、主轴和主轴轴承等零件组成。主轴的启停和转速均由数控系统控制，并且通过装在主轴上的刀具进行切削。主轴是切削加工的功率输出部件，是影响加工中心性能的关键部件。

③数控系统。加工中心的数控系统由 CNC 装置、可编程序控制器、伺服驱动装置以及电动机等组成，它是加工中心执行顺序控制动作和控制加工过程的中心。

④自动换刀系统。自动换刀系统由刀库、机械手等部件组成。当需要换刀时，数控系统发出指令，由机械手（或其他装置）将刀具从刀库中取出并装入主轴孔。加工中心作为柔性制造单元，能连续自动加工复杂零件，加工能力强、工艺范围广。刀库的容量大，存储的刀具多，使机床的结构复杂。若刀库容量小，存储的刀具少，就不能满足工艺上的要求。刀库中刀具数量的多少又直接影响加工程序的编制。编制大容量刀库的加工程序的工作量大、程序复杂。所以刀库需要设置最佳容量。

⑤辅助装置。辅助装置包括润滑、冷却、排屑、防护、液压、气动和检测系统等部分。这些装置虽然不直接参与切削运动，但具有保障加工中心的加工效率、加工精度和可靠性的作用，也是加工中心中不可缺少的部分。

⑥自动托盘交换系统。有的加工中心为进一步缩短非切削时间，配有两个自动交换工件的托盘，一个安装工件在工作台上加工，另一个则于工作台外进行工件装卸。当一个工件完成加工后，两个托盘自动交换位置，进行下一个工件的加工，这样可以减少辅助时间，提高加工效率。

3. 加工中心的分类

加工中心根据其结构和功能，主要有以下两种分类方式。

（1）按工艺用途分

①铣镗加工中心。它是在镗、铣床基础上发展起来的、机械加工行业应用

最多的一类加工设备。其加工范围主要是铣削、钻削和镗削，适用于箱体、壳体以及各类复杂零件特殊曲线和曲面轮廓的多工序加工，适用于多品种小批量加工。

②车削加工中心。它是在车床的基础上发展起来的，以车削为主，主体是数控车床，机床上配备转塔式刀库或由换刀机械手和链式刀库组成的刀库。其数控系统多为 2~3 轴伺服控制，即 X、Z、C 轴，部分高性能车削中心配备了铣削动力头。

③钻削加工中心。钻削加工中心的加工以钻削为主，刀库形式以转塔头为主，适用于中小零件的钻孔、扩孔、铰孔、攻螺纹等。

（2）按主轴特征分

①卧式加工中心。卧式加工中心是指主轴轴线水平设置的加工中心。它一般具有 3 ~ 5 个运动坐标，常见的是三个直线运动坐标加一个回转运动坐标（回转工作台），它能够在工件一次装夹后完成除安装面和顶面以外的四个面的镗、铣、钻、攻螺纹等加工，最适合加工箱体类工件。与立式加工中心相比，卧式加工中心结构复杂、占地面积大、质量大、价格高。

②立式加工中心。立式加工中心主轴的轴线为垂直设置，其结构多为固定立柱式。工作台为十字滑台，适合加工盘类零件。一般具有三个直线运动坐标，并可在工作台上安置一个水平轴的数控转台来加工螺旋线类零件。立式加工中心的结构简单、占地面积小、价格低。立式加工中心配备各种附件后，可满足大部分工件的加工。

③立卧两用加工中心。某些加工中心具有立式和卧式加工中心的功能，工件一次装夹后能完成除安装面外五个面的加工，也称五面加工中心、万能加工中心或复合加工中心。

从外形结构上，就可以看出加工中心比普通数控机床复杂得多，而其功能也强大得多。加工中心属于高技术含量、价格昂贵的复杂设备。但是任何设备都不可能是万能的，加工中心也一样，只有在一定条件下它才能发挥最佳效益。不同类型的加工中心有不同的规格与适用范围，设备造价也有很大的差别。所以选用加工中心要考虑到很多因素。

二、物料供输自动化

在机械制造中，材料的搬运、机床上下料和整机的装配等是薄弱环节，这些工作的费用占全部加工费用的三分之一以上，所费的时间占全部加工时间的三分之二以上，而且多数事故发生在这些操作中。如果实现物流自动化，既可提高物流效率，又能使工人从繁重而重复单调的工作中解放出来。

机械制造中的物料操作和运储系统主要完成工件、刀具、托盘、夹具等的存取、上下、输送、转位、寄存、识别等的管理和控制，以及切削液和切屑的处置等。

（一）刚性自动化物料储运系统

1. 概念

刚性自动化的物料储运系统由自动供料装置、装卸站、工件传送系统和机床工件交换装置等组成。按原材料或毛坯形式的不同，自动供料装置一般可分为卷料供料装置、棒料供料装置和件料供料装置三大类。前两类自动供料装置多属于冲压机床和专用自动机床的专用部件。件料供料装置一般可以分为料仓式供料装置和料斗式供料装置两种形式。装卸站是不同自动化生产线之间的桥梁和接口，用于实现自动化生产线上物料的输入和输出功能。工件传送系统的功能是自动线内部不同工位之间或不同工位与装卸站之间工件的传输与交换，其基本形式有链式输送系统、辊式输送系统、带式输送系统。机床工件交换装置主要指各种上下料机械手及机床自动供料装置，其作用是将输料道送来的工件通过上料机械手安装于加工设备上，加工完毕后，由下料机械手取下，放在输料槽上输送到下一个工位。

2. 自动供料装置

自动供料装置一般由储料器、输料槽、定向定位装置和上料器组成。储料器储存一定数量的工件，根据加工设备的需求自动输出工件，经输料槽和定向定位装置传送到指定位置，再由上料器将工件送入机床加工位置。储料器一般设计成料仓式或料斗式。料仓式储料器需人工将工件按一定方向摆放在仓内；料斗式储料器只需将工件倒入料斗，由料斗自动完成定向。料仓或料斗一般储存小型工件，较大的工件可用机械手或机器人来完成供料。

①料仓。料仓的作用是储存工件。根据工件的形状特征、储存量的大小以及与上料机构的配合方式，料仓具有不同的结构形式。由于工件的重量和形状尺寸变化较大，料仓结构没有固定模式，一般把料仓分成自重式和外力作用式两种。

②拱形消除机构。拱形消除机构一般采用仓壁振动器。仓壁振动器使仓壁产生局部、高频微振动，破坏工件间的摩擦力和工件与仓壁间的摩擦力，从而保证工件连续地由料仓中排出。振动器振动频率一般为 1000 ~ 3000 次 / 分。当料仓中物料搭拱处的仓壁振幅达到 0.3mm 时，即可达到破拱效果。在料仓中安装搅拌器也可消除拱形堵塞。

③料斗装置和自动定向方法。料斗上料装置带有定向机构，工件在料斗中自动完成定向。但并不是所有工件在送出料斗之前都能完成定向。没有定向的工件在料斗出口处将被分离，返回料斗重新定向，或由二次定向机构再次定向。因此料斗的供料率会发生变化，为了保证正常生产，应使料斗的平均供料率大于机床的生产率。

④输料槽。根据工件的输送方式（靠自重或强制输送）和工件的形状，输料槽可分为许多类型，见表 3-1。

表 3-1 输料槽主要类型

名称		特点	使用范围
自流式输料槽	料道式输料槽	输料槽安装倾角大于摩擦角，工件靠自重输送自流	轴类、盘类、环类工件
	轨道式输料槽	输料槽安装倾角大于摩擦角，工件靠自重输送	带肩杆状工件
	蛇形输料槽	工件靠自重输送，输料槽落差大时可起缓冲作用	轴类、盘类、球类工件
半流式输料槽	抖动式输料槽	输料槽安装倾角小于摩擦角，工件靠输料槽作横向抖动输送	轴类、盘类、板类工件
	双棍式输料槽	棍子倾角小于摩擦角，棍子转动，工件滑动输送	板类、带肩杆状、锥形滚柱等工件
强制运动式输料槽	螺旋管式输料槽	利用管壁螺旋槽送料	球形工件
	摩擦轮式输料槽	利用纤维质棍子转动推动工件移动	轴类、盘类、环类工件

一般靠工件自重输送的自流式输料槽结构简单，但可靠性较差；半自流式或强制运动式输料槽可靠性高。

（二）自动线输送系统

在生产过程中，工件及原材料等的搬运费不仅耗时耗力，且容易出现生产事故。自动化生产线和自动加工机床利用自动输料装置，按生产节拍将被加工工件从一个工位自动传送到下一个工位，从一台设备输送给下一台设备，把自动线的各台设备联结成为一个整体。

自动化的物料输送系统是物流系统的重要组成部分。在制造系统中，自动线的输送系统在人与工位、工位与工位、加工与存储、加工与装配之间起着衔接作用，同时具备物料的暂存和缓冲功能。运用自动线的输送系统，可以加快物料流动速度，使各工序之间的衔接更加紧密，从而提高生产效率。

1. 重力输送系统

重力输送有滚动输送和滑动输送两种，重力输送装置一般需要配备工件提升机构。

①滚动输送。利用提升机构或机械手将工件提到一定高度，让其在倾斜的输料槽中依靠自重滚动而实现自动输送，这种方法多用于传送中小型回转体工件，如盘、环、齿轮坯、销及短轴等。利用滚动式输料槽时要注意工件形状特性的影响，工件长度 L 与直径 D 之比与输料槽宽度的关系极为重要。由于工件与料槽之间存在间隙，故可能因摩擦阻力的变化或工件存在一定锥度误差而滚偏一个角度，当工件对角线长度接近或小于槽宽时，工件可能被卡住或完全失去定向作用；工件与料槽间隙也不能太小，否则由于料槽结构不良和制造误差会使局部尺寸小于工件长度，产生卡料现象。允许的间隙与工件的长径比和工件与料槽壁面的摩擦系数有关，随着工件长径比增加，允许的最大间隙值减小。一般当工件长径比大于 3.5 ~ 4 时，以自重滚送的可靠性就很差。输料槽侧板越高，输送中产生的阻力越大。但侧板也不能过低，否则工件在较长的输料槽中以较大的加速度滚到终点，碰撞前面的工件时，可能跳到槽外或产生歪斜而卡住后面的工件。

一般推荐侧板高度为 0.5~1 倍工件直径。当用整条长板做侧壁时，应开出长窗口，以便观察工件的运送情况。输料槽的倾斜角过小，容易出现工件停滞现象。反之，倾斜角过大工件滚送的末速度就很大，易产生冲击、歪斜及跳到槽外等不良后果，同时要求输料前提升高度增大，浪费能源。倾斜角度的大小取决于料槽支承板的质量和工件表面质量，一般为 5°~15°，当料槽和工件表面光滑时取小值。对于外形较复杂的长轴类工件（如曲轴、凸轮轴、阶梯轴等）、外圆柱面上有齿纹的工件（齿轮、花键轴等）及外表面已精加工过的工件，为了提高滚动输料的平稳性及避免工件相互接触碰撞而造成歪斜、咬住及碰伤表面等不良现象，应增设缓冲隔料块将工件逐个隔开。当前面一个工件压在扇形缓冲块的小端时，扇形大端向上翘起挡住后一个工件。

②滑动输送。利用提升机构或机械手将工件提到一定高度，让其在倾斜的输料槽中依靠自重滑动而实现自动输送，这种方法多用于在工序间或上下料装置内部输送工件，并兼做料仓贮存已定向排列好的工件。滑道多用于输送回转体工件，也可以输送非回转体工件。按滑槽的结构型式可分为 V 型滑道、管型滑道、轨型滑道和箱型滑道等四种。滑动式料槽的摩擦阻力比滚动式料槽大，因此要求倾斜角较大，通常大于 25°。为了避免工件末速度过大产生冲击，可把滑道末段做得平缓些或采用缓冲减速器。滑动式料槽的截面可以有多种形状，其滑动摩擦阻力各不相同。工件在 V 形滑槽中滑动，要比在平底槽滑动受到的摩擦阻力更大。V 形槽两壁之间夹角通常在 90°~120°，重而大的工件取较大值，轻而小的工件取较小值。此夹角比较小时滑动摩擦阻力增大，对提高工件定向精度和输送稳定性有利。双轨滑动式输料槽可以看成 V 形输料槽的一种特殊形式。用双轨滑道输送带肩部的杆状工件时，为了使工件在输料过程中肩部不因互相叠压而卡住，应尽可能增大工件在双轨支承点之间的距离。如采取增大双轨间距的方法会使工件挤在内壁上而难以滑动，所以应采取加厚导轨板、把导轨板削成内斜面和设置剔除器、加压板等方法。

2.带式输送系统

带式输送系统是一种利用连续运动且具有挠性的输送带来输送物料的输送

系统。

①输送带。根据输送的物料不同，输送带的材料可采用橡胶带、塑料带、绳芯带、钢网带等，而橡胶带按用途又可分为强力型、普通型、轻型、井巷型、耐热型 5 种。输送带两端可使用机械接头、冷黏接头和硫化接头连接。

②滚筒及驱动装置。滚筒分传动滚筒和改向滚筒两大类。传动滚筒与驱动装置相连，外表面可以是金属表面，也可包上橡胶层来增加摩擦因数。改向滚筒用来改变输送带的运动方向和增加输送带在传动滚筒上的包角。驱动装置主要由电动机联轴器、减速器和传动滚筒等组成。输送带通常在有负载下启动，应选择启动力矩大的电动机。减速器一般采用涡轮减速器、行星摆线针轮减速器或圆柱齿轮减速器，电动机、减速器、传动滚筒为一体的称为电动滚筒。电动滚筒是一种专为输送带提供动力的部件。电动滚筒主要是固定式和移动式带式输送机的驱动装置，因电动机和减速机构内置于滚筒内，与传统的电动机、联轴器、减速机置于滚筒外的开式驱动装置相比，具有结构紧凑、运转平稳、噪声低、安装方便等优点，适合在粉尘及潮湿泥泞等环境下工作。

3. 链式输送系统

链式输送系统主要由链条、链轮、电机和减速器等组成，长距离输送的链式输送带也有张紧装置，还有链条支撑导轨。链式输送带除可以输送物料外，也有较大的储料能力。

输送链条比一般传动链条长而重，其链节为传动链节的 2~3 倍，以减少铰链数量，减轻链条重量。输送链条有套筒滚柱链、弯片链、叉形链、焊接链、可拆链、履带链、齿形链等多种形式，其中套筒滚柱链和履带链应用较多。

链轮的基本参数已经标准化，可按国标设计。链轮齿数对输送性能有较大影响，齿数太少会增加链轮运行中的冲击振动和噪声，加快链轮磨损；链轮齿数过多则会导致机构庞大。套筒滚柱链式输送系统一般在链条上配置托架或料斗、运载小车等附件，用于装载物料。

4. 辊子输送系统

辊子输送系统是利用辊子的转动来输送工件的输送系统，其结构比较简单。

为保证工件在辊子上移动时的稳定性，输送的工件或托盘的底部必须有沿输送方向的连续支撑面。一般工件在支撑面方向至少应该跨过三个辊子的长度。辊子输送机在连续生产流水线中应用较多，它不仅可以连接生产工艺过程，而且可以直接参与生产工艺过程，因而在物流系统中，尤其在各种加工、装配、包装、储运、分配等流水生产线中得到广泛应用。

辊子输送机按其输送方式分为无动力式、动力式、积放式三类。无动力输送的辊子输送系统依靠工件的自重或人力推动输送工件。动力辊子输送系统由驱动装置通过齿轮、链轮或带传动使辊子转动，可以严格控制物品的运行状态，按规定的速度、精度平稳可靠地输送物品，便于实现输送过程的自动控制。积放式辊子输送机除具有一般动力式辊子输送机的输送性能外，还允许在驱动装置照常运行的情况下物品在输送机上停止和积存，而运行阻力无明显变化。

辊子是辊子输送机直接承载和输送物品的基本部件，多由钢管制成，也可采用塑料。辊子按其形状分为圆柱形、圆锥形和轮形。

辊子输送机具有以下特点：结构简单，工作可靠，维护方便；布置灵活，容易分段与连接（可根据需要，由直线、圆弧、水平、倾斜等区段以及分支、合流等辅助装置，组成开式、闭式、平面、立体等各种形式的输送线路）；输送方式和功能多样（可对物品进行运送和积存，可在输送过程中升降、移动、翻转物品，可结合辅助装置实现物品在辊子输送机之间或辊子输送机与其他输送设备之间的转运）；便于和工艺设备衔接配套；物品输送平稳、停靠精确。

（三）柔性物流系统

柔性物流系统是由数控加工设备、物料运储装置和计算机控制系统等组成的自动化制造系统。它包括多个柔性制造单元，能根据制造任务或生产环境的变化迅速进行调整，适用于多品种、中小批量生产。

1. 托盘系统

工件在机床间传送时，除了工件本身，还有随行夹具和托盘等。在装卸工位，工人从托盘上卸去已加工的工件，装上待加工的工件，由液压或电动推拉机构将托盘推到回转工作台上。

回转工作台由单独电动机拖动，按顺时针方向做间歇回转运动，不断地将装有待加工工件的托盘送到加工中心工作台左端，由液压或电动推拉机构将其与加工中心工作台上的托盘进行交换。装有已加工工件的托盘由回转工作台带回装卸工位，如此反复，不断地进行工件的传送。

如果在加工中心工作台的两端各设置一个托盘系统，则一端的托盘系统用于接收前一台机床已加工工件的托盘，为本台机床上料，另一端的托盘系统用于为本台机床下料，并传送到下一台机床。由多台机床可形成用托盘系统组成的较大生产系统。

对于结构形状比较复杂而缺少可靠运输基面的工件或质地较软的非铁金属工件，常先将工件定位、夹紧在随行夹具上，和随行夹具一起传送、定位和夹紧在机床上进行加工。工件加工完毕后与随行夹具一起被卸下机床，带到卸料工位，将加工完的工件从随行夹具上卸下，随行夹具返回原始位置，以供循环使用。

2. 自动导向小车

自动导向小车（Automated Guide Vehicle，AGV）是一种由蓄电池驱动，装有非接触导向装置，在计算机的控制下自动完成运输任务的物料运载工具。AGV是柔性物流系统中物料运输工具的发展趋势。

常见的 AGV 的运行轨迹是通过电磁感应制导的。由 AGV、小车控制装置和电池充电站组成 AGV 物料输送系统。

AGV 由埋在地面下的电缆传来的感应信号对小车的运行轨迹进行制导，功率电源和控制信号则通过电缆传到小车。在计算机控制下，小车可以准确停在任一个装载台或卸载台，进行物料的装卸。充电站用于为小车上的蓄电池充电。

小车控制装置通过电缆与上一级计算机联网，它们之间传递的信息有以下几类：行走指令，装载和卸载指令，连锁信息，动作完毕回答信号，报警信息，等等。

AGV 一般由随行工作台交换、升降、行走、控制、电源和轨迹制导等六部分组成。

①随行工作台交换部分小车的上部有回转工作台，工作台的上面为滑台叉架，由计算机控制的进给电动机驱动，将夹持工件的随行工作台从小车送到机床的随行工作台交换器上，或从机床随行工作台交换器拉回小车滑台叉架，实现随行工作台的交换。

②升降部分通过升降液压缸和齿轮齿条式水平保持机构实现滑台叉架的升降，对准机床上随行工作台交换器导轨。

③行走部分。

④控制部分。由计算机控制的直流调速电动机和传动齿轮箱驱动车轮，实现AGV的控制柜操作面板信息接收发送，通过电缆与AGV的控制装置进行联系，控制AGV的启停、输送或接收随行工作台。

⑤电源部分用蓄电池作为电源，一次充电后可用8h。

⑥AGV轨迹制导通常采用电磁感应，在AGV行走路线的地面下深10～20mm，宽3～10mm的槽内敷设一条专用的制导电缆，通上低周波交变电，在其四周产生交变磁场。在小车前方装有两个感应接收天线，就像动物的触角，在行走过程中接收制导电缆产生的交变磁场。

AGV也可采用光学制导，在地面上用有色油漆或色带绘成路线图，AGV上的光源发出的光束照射地面，将自地面反射的光线作为路线识别信号，由AGV上的光敏器件接收，控制AGV沿绘制的路线行驶。这种制导方式容易改变路线，但只适用于非常洁净的场合，如实验室等。

三、加工刀具自动化

（一）自动化刀具

刀具自动化，就是加工设备在切削过程中自动完成选刀、换刀、对刀、走刀等工作。

自动化刀具的切削性能必须稳定可靠，具有高的耐用度和可靠性。

刀具结构应保证其能快速或自动更换和调整，并配有工作状态在线检测与报警装置；应尽可能地采用标准化、系列化和通用化的刀具，以便于刀具的自动化管理。

自动化刀具通常分为标准刀具和专用刀具两大类。为了提高加工的适应性并兼顾设备刀库的容量，应尽量不使用专用刀具，选用通用标准刀具、标准组合刀具或模块式刀具。

自动化加工设备必须配备标准辅具，建立标准的工具系统，使刀具的刀柄与接杆标准化、系列化和通用化，实现快速自动换刀。

自动化加工设备的辅具主要有镗铣类数控机床用工具系统（简称 TSG 系统）和车床类数控机床用工具系统(简称 BTS 系统）两大类，它们主要由刀具的柄部、接杆和夹头几部分组成。工具系统中规定了刀具与装夹工具的结构、尺寸系列及其联接形式。

（二）自动化刀库和刀具交换与运送装置

1. 刀库

20 世纪 60 年代末开始出现贮有各种类型刀具并具有自动换刀功能的刀库，使工件一次装夹就能自动顺序完成各个工序加工的数控机床（加工中心）。

刀库是自动换刀系统中最主要的装置之一，其功能是贮存各工序所需的刀具，并按程序指令快速而准确地将刀库中的空刀位和待用刀具送到预定位置，以便接受主轴换下的刀具和换刀。它的容量、布局以及具体结构对数控机床的总体布局和性能有很大影响。

2. 刀具交换与运送

能够自动地更换加工中所用刀具的装置称为自动换刀装置（Automatic Tool Changer，ATC）常用的自动换刀装置有以下几种。

①回转刀架。回转刀架常用于数控车床，可安装在转塔头上用于夹持各种刀具，通过转塔头的旋转分度来实现机床的自动换刀动作。

②主轴与刀库合为一体的自动换刀装置：由于刀库与主轴合为一体，机床结构较为简单，且由于省去刀具在刀库与主轴间的交换等一系列复杂的操作，从

而缩短了换刀时间，提高了换刀的可靠性。主轴与刀库分离的自动换刀装置：这种换刀装置由刀库、刀具交换装置及主轴组成，其独立的刀库可以存放几十至几百把刀具，能够适应复杂零件的多工序加工。由于只有一根主轴，所以全部刀具都应具有统一的标准刀柄。当需要某一刀具进行切削加工时，自动将其从刀库交换到主轴上，切削完毕后自动取下放回刀库。刀库的安装位置可根据实际情况灵活设置。

当刀库容量相当大，必须远离机床布置时，就要用到自动化小车、输送带等物料传输设备了。

（三）刀具的自动识别

自动换刀装置对刀具的识别通常采用刀具编码法或软件记忆法。

1.刀具编码环及其识别

编码环是一种早期使用的刀具识别方法。在刀柄或刀座上装有若干个厚度相等、不同直径的编码环，如用大环表示二进制的"1"，小环表示"0"，则这些环的不同组合就可表示不同刀具，每把刀具都有自己的确定编码。在刀库附近装一个刀具读码装置，其上有一排与编码环对应的触针式传感器。读码器的触头能与凸圆环面接触而不能与凹圆环面接触，所以能把凸凹几何状态转变成电路通断状态，即"读"出二进制的刀具码。当需要换刀时，刀库旋转，刀具识别装置不断地读出每一把经过刀具的编码，并送入控制系统与换刀指令中的编码进行比较，当二者一致时，控制系统便发出信号，使刀库停转，等待换刀。由于接触式刀具识别系统可靠性差，因磨损大而使用寿命短，逐渐被非接触式传感器和条形码刀具识别系统所取代。

2.软件记忆法

其工作原理是将刀库上的每一个刀座进行编号，得到每一刀座的"地址"。为刀库中的每一把刀具再编一个刀具号，然后在控制系统内部建立一个刀具数据表，将原始状态刀具在刀库中的"地址"一一填入，并不得再随意变动。刀库上装有检测装置，可以读出刀座的地址。取刀时，控制系统根据刀具号在刀具数据表中找出该刀具的地址，按优化原则转动刀库，当刀库上的检测装置读出的地址与取刀地址一致时，刀具便停在换刀位置上，等待换刀；若欲将换下的刀具送回刀库，不必寻找刀具原位，按优化原则送到任一空位即可，控制系统将根据此时换刀位置的地址更新刀具数据表，并记住刀具在刀库中新的位置。这种换刀方式目前最为常用。

（四）快速调刀

在自动化生产中，为了实现刀具的快换，使刀具更换后不需对刀或试切就可获得合格的工件尺寸，进一步提高工作的稳定性和生产效率，往往需要解决"无调整快速换刀"和自动换刀问题，即预先调好刀具和刀夹的半径和长度尺寸，在机床更换刀具时不需要再调整，可大大减少换刀调刀时间。

采用机夹不重磨式硬质合金刀片、快换刀夹、快速调刀装置及计算机控制调刀仪，是解决"无调整快换刀具"问题的常用方法。

机夹不重磨刀片具有多个相同几何参数的刀刃，当一个刀刃磨损后，只需将刀片转过一定角度即可使用一个新的，不需要重新对刀。

快换刀夹通常属于数控机床的通用工具系统部件，其柄部、接杆和夹头等的规格尺寸已标准化并有很高的制造精度。刀具装夹于快换刀夹上并在线外预调好，加工中需换刀时连刀带刀夹一并快速更换。

为适应多品种工件加工的需要，柔性制造系统所用刀具种类，规格很多，线外调刀采用计算机控制的调刀仪。调刀仪通过条形码阅读器读取刀具上的条码而获得刀具信息，然后将刀具补偿数据传输给刀具管理计算机，计算机再将这些数据传输给机床，机床将实时数据再反馈给计算机。另一种方式是在刀柄侧面或尾部装上直径 6 ~ 10 mm 的集成块，机床和刀具预调仪上都配备与计算机接口相连的数据读写装置，当某一刀具与读写装置位置相对应时，就可读出或写入与该刀具有关的数据，实现数据的传输。

此外，在加工机床上需要进行对刀，有时也需要调刀。电子对刀仪是由机床或其他外部电源通过电缆向对刀器供 5V 直流电，经内部光电隔离，能在对刀时将产生的 SSR（开关量）或 OTC（高低电平）输出信号通过电缆输出至机床的数控系统，以便结合专用的控制程序实现自动对刀、自动设定或更新刀具的半径和长度补偿值，这种方式适用于加工中心和数控镗、铣床，也可以作为手动对刀器用于单件、小批量生产。

四、装配过程自动化

装配是生产系统的一个重要部分，也是机械制造过程的最后环节。相对于加工技术而言，装配技术落后许多年，装配工艺已成为现代生产的薄弱环节。因此，实现装配过程的自动化越来越成为现代工业生产中迫切需要解决的问题。

（一）装配自动化在现代制造业中的重要性

装配自动化（Assembly Automation）是实现生产过程综合自动化的重要环节，其意义在于提高生产效率、降低成本、保证产品质量，特别是减轻或取代特殊条件下的人工装配劳动。

装配是一项复杂的生产过程。人工操作已经不能与当前的社会经济条件相适应，因为人工操作既不能保证工作的一致性和稳定性，又不具备准确判断、灵巧操作，以及较大作用力的特性。同人工装配相比，自动化装配具备如下优点。

①装配效率高，产品生产成本下降。尤其是在当前机械加工自动化程度不断提高的情况下，装配效率的提高对产品生产效率的提高具有更加重要的意义。

②自动装配过程一般在流水线上进行，采用各种机械化装置来完成劳动量最大和最繁重的工作，大大降低了工人的劳动强度。

③不会因工人疲劳、疏忽、情绪、技术不熟练等造成产品质量缺陷或不稳定。

④自动化装配所占用的生产面积比手工装配完成同样生产任务的工作面积要小得多。

⑤在电子、化学、宇航、国防等行业中，许多装配操作需要特殊环境，人类难以进入或非常危险，只有自动化装配才能保障生产安全。

（二）自动装配工艺过程分析和设计

1. 自动装配工艺设计的一般要求

自动装配工艺比人工装配工艺设计要复杂得多，通过手工装配很容易完成的工作，有时采用自动装配却要设计复杂的机构与控制系统。为使自动装配工艺设计先进可靠，经济合理，应注意如下问题。

①自动装配工艺的节拍。自动装配设备中，多工位刚性传送系统多采用同步方式，故有多个装配工位同时进行装配作业。为使各工位工作协调，并提高装配工位和生产场地的效率，必然要求各工位装配工作节拍同步。装配工序应力求可分，对装配工作周期较长的工序，可同时占用相邻的几个装配工位，使装配工作在相邻的几个装配工位上逐渐完成来平衡各个装配工位上的工作时间，使各个装配工位的工作节拍一致。

②除正常传送外应避免或减少装配基础件的位置变动。自动装配过程是将装配件按规定顺序和方向装到装配基础件上。通常，装配基础件需要在传送装置上自动传送，并要求在每个装配工位上准确定位。因此，在自动装配过程中，应尽量减少装配基础件的位置变动，如翻身、转位、升降等，以避免重新定位。

③合理选择装配基准面。装配基准面通常是精加工面或是面积大的配合面，同时应考虑装配夹具所必需的装夹面和导向面。只有合理选择装配基准面，才能保证装配定位精度。

④易缠绕零件的定量隔离。装配件中的螺旋弹簧、纸箱垫片等都是容易缠绕贴连的，其中小尺寸螺旋弹簧更易缠绕，其定量隔料的主要方法有以下两种。

a. 采用弹射器将绕簧机和装配线衔接。其具体特征为：经上料装置将弹簧排列在斜槽上，再用弹射器一个一个地弹射出来，将绕簧机与装配线衔接，由绕簧机统制出一个，即直接传送至装配线，避免弹簧相互接触。

b. 改进弹簧结构。具体做法是在螺旋弹簧的两端各加两圈紧密相接的簧圈来防止它们相互缠绕。

2. 自动装配工艺设计

①产品分析和装配阶段的划分。装配工艺的难度与产品的复杂性成正比，

因此设计装配工艺前，应认真分析产品的装配图和零件图。零部件数目大的产品则需通过若干装配操作程序完成，在设计装配工艺时，整个装配工艺过程必须按部件形式划分为几个装配阶段，每完成一个阶段，必须经过检验，再进行下一个阶段的装配。

②基础件的选择。装配的第一步是基础件的准备。基础件是整个装配过程中的第一个零件。往往是先把基础件固定在一个托盘或一个夹具上，在其上面继续安置其他零部件（基础零件往往是底盘、底座或箱体类零件），基础件的选择对装配过程有重要影响。在回转式传送装置或直线式传送装置的自动化装配系统中，也可以把随行夹具看成基础件。

（三）自动装配的部件

1. 运动部件

装配工作中的运动分为三种。

①基础件、配合件和连接件的运动。

②装配工具的运动。

③完成的部件和产品的运动。

运动是坐标系中的一个点或一个物体与时间相关的位置变化（包括位置和方向），输送或连接运动基本上为直线运动和旋转运动。每一个运动都可以分解为直线单位或旋转单位，它们作为功能载体被用来描述配合件运动的位置和方向以及连接过程。按照连接操作的复杂程度，连接运动常被分解成三个坐标轴方向的运动。

配合件与基础件应在同一坐标轴方向运动，具体由配合件还是由基础件实现这一运动并不重要。工具相对于工件运动，这一运动可以由工作台执行，也可以由一个模板带着配合件完成，还可以由工具或工具、工件双方共同来执行。

2. 定位机构

由于各种技术方面的原因（惯性、摩擦力、质量改变、轴承的润滑状态），运动的物体不能精确地停止。在装配中最经常遇到的是工件托盘和回转工作台，这两者都需要一种特殊的止动机构，以保证其停止在精确的位置。

装配对定位机构的要求非常高，它必须能承受很大的力量，还必须能精确地工作。

（四）自动装配机械

随着自动化的发展，装配工作（包括至今为止仍然靠手工完成的工作）可以由机器来实现，因而产生了一种自动化的装配机械，即实现了装配自动化。自动装配机械按类型分，有单工位自动装配机与多工位自动装配机两种。

1. 单工位自动装配机

单工位自动装配机只有单一的工位，没有传送工具，只有一种或几种装配操作。这种装配机应用于只由几个零件组成而且不要求有复杂的装配动作的简单部件。

单工位自动装配机在一个工位上执行一种或几种操作，没有基础件的传送，比较适合于在基础件的上方定位并进行装配操作。其优点是结构简单，可以装配最多由六个零件组成的部件。通常用于两到三个零部件的装配，装配操作必须按顺序进行。

2. 多工位自动装配机

对于有三个以上零件的产品通常用多工位自动装配机进行装配，装配操作由各个工位分别承担。多工位装配机需要设置工件传送系统，传送系统一般有回转式或直进式两种。

工位的多少由操作的数目来决定，如进料、装配、加工、试验、调整、堆放等。传送设备的规模和范围由各个工位布置的多种可能性决定。各个工位之间有适当的自由空间，一旦发生故障，可以采取补偿措施。

一般螺钉拧入、冲压、成形加工、焊接等操作的工位与传送设备之间的空间布置小于零件送料设备与传送设备之间的布置。

装配机的工位数多少决定了设备的利用率和效率。装配机的设计又常常受工件传送装置的制约。这是设计自动装配机的主要依据。

检测工位布置在各种操作工位之后，可以立即检查前面操作过程的执行情况，并能引入辅助操作措施。

3. 工位间传送方式

装配基础件在工位间的传送方式有连续传送和间歇传送两类。

连续传送中，工件连续恒速传送，装配作业与传送过程重合，故生产速度高，节奏性强，但不便于采用固定式装配机械，装配时工作头和工件之间相对定位有一定困难。

间歇传送中，装配基础件由传送装置按节拍时间进行传送，装配对象停在装配工位上进行装配，作业一完成即传送至下一工位，便于采用固定式装配机械，避免装配作业受传送平稳性的影响。按节拍时间特征，间歇传送方式又可以分为同步传送和非同步传送两种。

同步传送方式的工作节拍是最长的工序时间与工位间传送时间之和，工序时间较短的其他工位上存在一定的等工浪费，并且一个工位发生故障时，全线都会受到影响。为此，可采用非同步传送方式。

非同步传送方式不但允许各工位速度有所不同，而且可以把不同节拍的工序组织在一个装配线中，使平均装配速度提高，适用于操作比较复杂而且有手工工位的装配线。

五、检测过程自动化

在自动化制造系统中，由于从工件的加工到运输和存贮都实现了自动化，为了保证产品的加工质量和系统的正常运行，需要对加工过程和系统运行状态进行检测与监控。

加工过程中产品质量的自动检测与监控的主要任务在于预防产生废品、减少辅助时间、加速加工过程、提高机床的使用效率和劳动生产率。它不仅可以直接检测加工对象本身，也可以通过检验生产工具、机床和生产过程中某些参数的变化来间接检测和控制产品的加工质量，还能根据检测结果主动地控制机床的加工过程，使之适应加工条件的变化，防止废品产生。

（一）检测自动化的目的和意义

自动化检测不仅用于被加工零件的质量检查和质量控制，还能自动监控工艺过程，以确保设备的正常运行。

随着计算机应用技术的发展，自动化检测已从单纯对被加工零件几何参数的检测，扩展到对整个生产过程的质量控制，从对工艺过程的监控扩展到实现最佳条件的适应控制生产。因此，自动化检测不仅是质量管理系统的技术基础，也是自动化加工系统不可缺少的组成部分。在先进制造技术中，它还可以为产品质量体系提供技术支持。值得注意的是，尽管已有众多自动化程度较高的检测方式可供选择，但并不意味着任何情况都要采用。而是要根据实际需要，以质量、效率、成本的最优结合来考虑是否采用和采用何种自动检测手段，从而使技术经济效益最大化。

（二）工件的自动识别

工件的自动识别是指快速地获取加工时的工件形状和状态，便于计算机检测工件，及时了解加工过程中工件的状态，以保证产品加工的质量。工件的自动识别可分为工件形状的自动识别和工件姿态与位置的自动识别。

对于前者的检测与识别有许多种方法，目前典型的并有发展前景的是使用工业摄像机的形状识别系统。该系统由图像处理器、电视摄像机、监控电视机、计算机控制系统组成。其工作原理是把待测的标准零件的二值化图像存储在检查模式存储器中，利用图像处理器和模式识别技术进行工件形状的自动识别，对于后者，如果能进行工件姿态和位置识别将有利于系统正常运行和提高产品质量。如在物流系统的自动供料的过程中，零件的姿态即其在送料轨道上运行时的状态。由于零件都具有固定形状和一定尺寸，在输送过程中可视之为刚体。要完全确定零件的位置和姿态，需要确定其六个自由度。当零件定位时，只要识别其某些特征要素，如孔、凸台或凹槽等所处的位置，就能判断该零件在输送过程中的姿态是否准确。由于零件在输送过程中的位置和姿态是动态的，所以必须对其进行实时识别。而要实现该要求，必须满足不间断输送零件、合理地选择瞬时定位点、可靠地设置光点位置三个技术条件。

利用光敏元件与光点的位置进行工件姿态的判别是目前应用比较普遍的识别方法。这种检测方法使用的是零件的瞬时定位原理。瞬时定位点是指在零件输送的过程中，用以确定零件瞬时位置和姿态的特征识别点。识别瞬时定位点的光敏元件可以嵌置在供料器输料轨道的背面，利用在轨道上适当开设的槽或孔使光照射进来。当不同姿态的零件通过该区域时，各个零件的瞬时定位点受光状态会有所不同。在对零件输送过程中的姿态进行识别时，主要依据是零件瞬时定位点的受光状态。受光状态和不受光状态分别用二进制码 0 和 1 来表示。

（三）工件加工尺寸的自动检测

机械加工的目的在于加工出具有规定品质（要求的尺寸，形状和表面粗糙度等）的零件，如果同时要求加工质量和机床运转的效率，必然要在加工中测量工件的质量，把工件从机床上卸下来，送到检查站测量，这往往难以保证质量，而且生产效率较低。因此需要在工件安装状态下进行测量，即在线测量。为了稳定地加工出符合要求的尺寸、形状，在提高机床刚度、热稳定性的同时，还必须采用适应性控制。在适应性控制里，如果输入信号不满足要求，无论装备多么好的控制电路，都不可能实现，因此对于适应控制加工来说，实时在线检测是必不可少的环节。此外在数控机床上，一般是事先定好刀具的位置，控制其运动轨迹；而在磨削加工中砂轮经常进行修整，即砂轮直径在不断变化，因此，数控磨床一般都具有实时监测工件尺寸的功能。

1. 长度尺寸测量

长度测量用的量仪按测量原理可分为机械式量仪、光学量仪、气动量仪和电动量仪四大类，而适于大、中批量生产现场测量的，主要有气动量仪和电动量仪两大类。

①气动量仪。气动量仪将被测盘的微小位移量转变成气流的压力、流量或流速的变化，然后测量这种气流的压力或流量变化，用指示装置显示出来，作为量仪的示值或信号。气动量仪容易获得较高的放大倍率（通常可达 2000 ~ 10000），

测量精度和灵敏度均很高，各种指示表能清晰显示被测对象的微小尺寸变化；操作方便，可实现非接触测量；测量器件结构容易实现小型化，使用灵活；气动量仪对周围环境的抗干扰能力强，广泛应用于加工过程中的自动测量。但对气源的要求高，响应速度略慢。

②电动量仪。电动量仪一般由指示放大部分和传感器组成，电动量仪的传感器大多应用的电感和互感传感器及电容传感器。

a. 电动量仪的原理。电动量仪一般由传感器、测量处理电路、显示装置及执行部分所组成。由传感器将工件尺寸信号转化成电压信号，该电压信号在处理电路进行整流滤波后，将被送到 LCD 或 LED 显示装置显示，同时，执行器接收到信号执行相关动作。

b. 电动量仪的应用。各种电动量仪广泛应用于生产现场和实验室的精密测量工作中。由各个传感器与各种判别电路、显示装置等组成的组合式测量装置，更是广泛应用于工件的多参数测量。用电动量仪测量长度时，可使用单传感器测量或双传感器测量。用单传感器测量传动装置测量尺寸的优点是只用一个传感器，节省费用；缺点是由于支撑端的磨损或工件自身的形状误差，有时会影响测量精度。

2. 形状精度测量

用于测量形位误差的气动量仪的指示转换部位与用于测量长度尺寸的量仪大致是相同的，只是所采用的测头不同（可根据具体情况参照有关手册进行设计）。用电动量仪进行形位误差测量时，与测量尺寸值不一样，往往需要测出误差的最大值和最小值的代数差（峰—峰值），或测出误差的最大值和最小值的代数和的一半（平均值），才能决定被测工件的误差。为此，可用单传感器配合峰值电感测微仪去测量，也可应用双传感器通过"和差演算"法测量。

3. 加工过程中的主动测量装置

加工过程中的主动测量装置一般作为辅助装置安装在机床上。在加工过程中，不需停机测量工件尺寸，而是依靠自动检测装置，在加工的同时自动测量工件尺寸的变化，并根据测量结果发出相应的信号，控制机床的加工过程。

主动测量装置可分为直接测量和间接测量两类。

①直接测量装置。直接测量装置根据被测表面的不同，可分为检验外圆、孔、平面和检验断续表面等装置。测量平面的装置多用于控制工件的厚度或高度尺寸，大多为单触点测量，其结构比较简单。其余几类装置，由于工件被测表面的形状特性及机床工作特点不同，具有一定的特殊性。

②主动测量装置的主要技术要求。

a.测量装置的杠杆传动比不宜太大，测量链不宜过长，以保证必要的测量精度和稳定性。对于两点式测量装置，其上下两测端的灵敏度必须相等。

b.工作时，测端应不脱离工件。因测端有附加测力，若测力太大，则会降低测量精度和划伤工件表面；反之，则会导致测量不稳定。当确定测力时，应考虑测量装置各部分质量、测端的自振频率和加工条件，例如机床加工时产生的振动、切削液流量等。一般两点式测量装置测力为 0.8 ~ 2.5N，三点式测量装置测力为 1.5 ~ 4N，三点式测量装置测力为 1.5 ~ 4N。

c.测端材料应十分耐磨，可采用金刚石、红宝石、硬质合金等。

d.测臂和测端体应使用不导磁的不锈钢制作，外壳体用硬铝。

e.测量装置应有良好的密封性。无论是测量臂和机壳之间，传感器和引出导线之间，还是传感器测杆与套筒之间，均应有密封装置，以防止切削液进入。

f.传感器的电缆线应柔软，并有屏蔽，其外皮应是防油橡胶。

g.测量装置的结构设计应便于调整，推进液压缸应有足够的行程。

（四）刀具磨损和破损的检测与监控

刀具的磨损和破损，与自动化加工过程的尺寸加工精度和系统的安全可靠性有直接关系。因此，在自动化制造系统中，必须设置刀具磨损、破损的检测与监控装置，用以防止可能发生的工件成批报废和设备事故。

1. 刀具磨损的检测与监控

①刀具磨损的直接检测与补偿。在加工中心或柔性制造系统中，加工零件的批量不大，且常为混流加工。为了保证各加工表面的尺寸精度，较好的方法是直

接检测刀具的磨损量，并通过控制系统和补偿机构对尺寸误差进行补偿。刀具磨损量的直接测量，对于切削刀具，可以测量刀具的后刀面、前刀面或刀刃的磨损量；对于磨削，可以测量砂轮半径磨损量；对于电火花加工，可以测量电极的耗蚀量。

②刀具磨损的间接测量和监控。在大多数切削加工过程中，刀具的磨损区往往被工件、其他刀具或切屑所遮盖，很难直接测量刀具的磨损值，因此多采用间接测量方式。除工件尺寸外，还可以将切削力或力矩、切削温度、振动参数、噪声和加工表面粗糙度等作为衡量刀具磨损程度的判据。

2. 刀具破损的监控方法

①探针式监控。这种方法多用来测量孔的加工深度，同时间接地检查孔加工刀具（钻头）的完整性，尤其是对于在加工中容易折断的刀具，如直径10 ~ 12mm 的钻头。这种检测方法较简单，使用很广泛。

②光电式监控。采用光电式监控装置可以直接检查钻头是否完整或折断。这种方法属非接触式检测，一个光敏元件只可检查一把刀具，在主轴密集、刀具集中时不好布置，信号必须经放大，控制系统较复杂，还容易受切屑干扰。

③气动式监控。这种监控方式的工作原理和布置与光电式监控装置相似。钻头返回原位后，气阀接通，气流从喷嘴射向钻头，当钻头折断时，气流就冲向气动压力开关，发出刀具折断信号。这种方法的优缺点及适用范围与光电式监控装置相同，但其还有清理切屑的作用。

④声发射式监控。用声发射法来识别刀具破损的精度和可靠性已成为目前很有前途的一种刀具破损监控方法。声发射（Acoustic Emission，AE）是固体材料受外力或内力作用而产生变形、破裂或相位改变时以弹性应力波的形式释放能量的一种现象。刀具损坏时，将产生高频、大幅度的声发射信号，可用压电晶体等传感器检测出来。由于声发射的灵敏度高，因此能够进行小直径钻头破损的在线检测。

第四章

机械制造的自动化技术及方案

第一节　自动化学科的前沿技术

一、机器人及其应用

（一）工业机器人

工业机器人由操作机（机械本体）、控制器、伺服驱动系统和传感装置构成，是一种仿人操作、自动控制、可重复编程、能在三维空间完成各种作业的光、仪和电一体化自动化生产设备，特别适合于多品种、大批量的柔性生产。

1. 操作机

通过运用有限元分析、模态分析及仿真设计等现代设计方法，机器人操作机已实现了优化设计。

2. 控制器

控制器的性能进一步提高，由过去控制标准的 6 轴机器人发展到现在能够控制 21 轴甚至 27 轴，并且实现了软件伺服和全数字控制。

3. 传感装置

激光传感器、视觉传感器和力传感器在机器人系统中已成功应用，并实现了焊缝自动跟踪和自动化生产线上物体的自动定位及精密装配作业等，大大提高了机器人的作业性能和对环境的适应性。

4. 并联机构

采用并联机构，利用机器人技术，实现高精度测量及加工，这是机器人技术向数控技术的拓展，为将来实现机器人和数控技术一体化奠定了基础。

5. 网络通信

机器人控制器已实现了与 Can 总线、Profibus 总线及一些网络的连接，使机器人由过去的独立应用向网络化应用迈进了一大步，也使机器人由过去的专用设备向标准化设备发展。

（二）特种机器人

非制造业领域机器人与制造业的相比，主要特点是工作环境的非结构化和不确定性，因而对机器人的要求更高，需要机器人具有行走功能，以及对外感知能力和局部的自主规划能力等，是机器人技术的一个重要发展方向。

1. 水下机器人

水下机器人已经用于海洋石油开采、海底勘察、救捞作业、管道敷设和检查、电缆敷设和维护以及大坝检查等方面，形成了有缆水下机器人和无缆水下机器人两大类。

2. 空间机器人

空间机器人是特种机器人的重要研究领域。

3. 地下机器人

地下机器人主要包括采掘机器人和地下管道检修机器人两大类，主要研究内容为机械结构、行走系统、传感器及定位系统、控制系统、通信及遥控技术。

4. 医用机器人

医用机器人主要研究医疗外科手术的规划与仿真、机器人辅助外科手术、最小损伤外科、临场感外科手术等。

5. 军用机器人

目前，国外军用机器人发展迅速，类型已达上百种，功用更是多种多样，有侦察、保障、排雷、防化、进攻、防御型等。具体有机器人地雷、机器人坦克、智能枪、智能火炮、排雷（弹）机器人、防核生化机器人、侦察机器人、智能飞机、智能导弹和机器人潜水器。

（三）机器人促进了自动化成套装备

自动化成套装备是指以机器人为核心，以信息技术和网络技术为媒介，将所有设备连接到一起而形成的大型自动化生产线。它是先进制造装备的典型代表，是发展先进制造技术实现生产线的数字化、网络化和智能化的重要手段，目前已成为极受国内外重视的高新技术应用领域。

在发达国家中，以机器人为核心的自动化生产线成套装备已成为自动化成套装备的主流，也是自动化生产线成套设备今后的发展方向。国外汽车行业、电子和电器行业、物流与仓储行业等已经大量使用机器人自动化生产线，保证了这些产品的质量和生产过程的高效，典型的有大型轿车壳体冲压自动化系统和成套装备、大型机器人车体焊装自动化系统和成套装备、电子和电器的机器人柔性自动化装配及检测成套装备、机器人整车及发动机装配自动化系统和成套装备、物流与仓储自动化成套技术及装备等，这些机器人设备的使用推动了这些行业的快速发展，进而又提高了这些制造技术的先进性。

二、虚拟仪器

虚拟仪器（Virtual Instrument，VI）是由美国国家仪器（National Instruments，NI）公司提出来的，作为全球虚拟仪器技术的领导者，NI 公司每年都会为客户提供很多套虚拟仪器测量设备和控制设备。多年来，虚拟仪器技术以其灵活的软件以及计算机技术的强大硬件功能广泛应用在测试、控制和设计等方面，从而使微机直接参与了物理、化学和生物等各种特性的精确的模拟测量和数字测量，也使计算机技术在工业测量的各个领域得到了更广泛的应用。

（一）虚拟仪器的概念

什么是虚拟仪器？其与传统仪器又有哪些不同呢？首先，虚拟仪器由用户定义的基于计算机的仪器，而传统仪器，则功能固定，且由厂商确定、由用户选用。每一个虚拟仪器系统都由两部分组成：软件和硬件。对于一个测量任务，虚拟仪器系统的价格与具有相似功能的传统仪器相当，甚至比传统仪器的价格低很多。而且，由于虚拟仪器在测量任务需要改变时具有更大的灵活性，所以随着时间的流逝，节省的成本更多。不使用厂商定义的、预封装好的软件和硬件，用户可以更灵活地自己定义界面构图。传统仪器把所有软件和测量电路封装在一起，提供的功能非常有限。而虚拟仪器系统可以提供完成测量或控制任务所需的所有软件和硬件设备，功能完全由用户自己定义。此外，利用虚拟仪器计数，工程师们还可以使用高效且功能强大的软件，来自定义数据采集、分析、存储、共享和显示的功能。

（二）虚拟仪器的硬件和软件

虚拟仪器的硬件主要由两部分组成，第 1 部分就是计算机的硬件平台，可以是各种微机或其他类型的计算机；第 2 部分就是测试功能硬件，主要是指各种总线系统，例如：

①通用接口总线（General Purpose Interface Bus，GPIB）；

②总线系统（Vmebuse Xtension for Instrumentation，VXI）；

③总线系统（PCIe Xtension for Instrumentation，PXI）；

④数据采集系统（Data Acquisition，DAQ）

硬件系统的作用就是数据采集，并进行数据转换、采样、编码和传输等。

虚拟仪器的软件系统主要包括虚拟仪器软件体系结构（Virtual Instrument Software Architecture，VISA）、驱动程序和应用程序等。其中 VISA 是标准的输入、输出（I/O）接口函数库，可执行仪器总线的特殊功能，开发仪器驱动程序时，可以调用这些操作函数集。因为虚拟仪器系统是基于软件的，所以只要是可以数字化的东西，就可以对它进行测量。由此可见，虚拟仪器硬件在技术上是世界一流的。虚拟仪器的重要策略就是驱使虚拟仪器软件和硬件设备加速的发展。虚拟仪器的发展是和诸如 Microsoft、Intel、AnalogDevices 和 Xilinx 等各大公司的高投入分不开的，NI 使用 Microsoft 的操作系统（OS）在开发工具方面节省了大量资金。在硬件方面，虚拟仪器基于 AnalogDevices 在 A/D 转换器方面发展，也节省了大量投资。

三、虚拟现实技术

虚拟现实（VirtualReality，VR）技术，又称灵境技术，它是在通常的动态系统模拟及传统的三维动画基础上逐渐发展起来的，它综合利用了三维图形处理技术、模拟技术、传感技术、人机交互界面技术和动画显示技术等，生成逼真的三维视觉的感觉世界，让观察者可以从自己的视点出发，对虚拟世界进行浏览和交互式考察，所以它是一门多学科交叉应用的综合技术。

（一）虚拟现实的种类

虚拟现实系统按其功能大体可分为四类：

1. 桌面虚拟现实系统

桌面虚拟现实系统，也称窗口中的 VR。其可以通过一般的微机显示屏实现，所以成本较低，功能也最简单，主要用于计算机辅助设计、计算机辅助制造、建筑设计和桌面游戏等领域。

2. 沉浸式虚拟现实系统

沉浸式虚拟现实系统，例如各种用途的体验器，使人有身临其境的感觉，各种仿真培训、演示以及高级游戏等用途均可用这种系统。

3. 分布式虚拟现实系统

分布式虚拟现实系统，它在因特网环境下，充分利用分布于各地的资源，协同开发各种虚拟现实的环境。它通常是浸沉虚拟现实系统的发展，也就是把分布于不同地方的沉浸式虚拟现实系统，通过因特网连接起来，共同实现某种用途。

例如美国大型军用交互仿真系统 NPSNet，以及因特网上多人游戏 MUD，便是这类系统。

4. 增强现实

增强现实又称混合现实，是把真实环境和虚拟环境结合起来的一种技术，即部分真实环境由虚拟环境取代，这样既可减少构成复杂真实环境的开销，又可对虚拟环境部分进行操作，从而真正达到了亦真亦幻的境界，是今后发展的方向。

（二）虚拟现实的构成模块和关键技术

1. 虚拟现实系统的模块构成

①检测模块。检测用户的操作命令，并通过传感器模块作用于虚拟环境。

②反馈模块。接受来自传感器模块信息，为用户提供实时反馈。

③传感器模块。一方面接受来自用户的操作命令，将其作用于虚拟环境；另一方面将操作后产生的结果以各种反馈的形式提供给用户。

④控制模块。对传感器进行控制，使其对用户、虚拟环境和现实世界产生作用。

⑤建模模块。获取现实世界组成部分的三维表示，并由此构成对应的虚拟环境。

2. 虚拟现实的关键技术

①动态环境建模技术。虚拟环境的建立是虚拟现实技术的核心内容。动态环境建模技术的目的是获取实际环境的三维数据，并根据需要，利用获取的三维数据建立相应的虚拟环境模型。三维数据的获取可以采用 CAD 技术（有规则的环境），更多的环境则需要采用非接触式的视觉建模技术，两者的有机结合可以有效地提高数据获取的效率。

②实时三维图形生成技术。三维图形的生成技术已经较为成熟，其关键是如何实现"实时"生成。为了达到实时的目的，至少要保证图形的刷新率不低于15 帧 / 秒，最好是高于 30 帧 / 秒。在不降低图形的质量和复杂度的前提下，如

何提高刷新频率将是该技术的研究内容。

③立体显示和传感器技术。虚拟现实的交互能力依赖于立体显示和传感器技术的发展。现有的虚拟现实还远远不能满足系统的需要。例如，数据手套有延迟大、分辨率低、作用范围小和使用不便等缺点；虚拟现实设备的跟踪精度和跟踪范围也有待提高，因此有必要开发新的三维显示技术。

（三）虚拟现实技术的应用领域

虚拟现实技术的应用前景很广阔。它可应用于建模与仿真、科学计算可视化、设计与规划、教育与训练、遥作与遥视、医学、艺术与娱乐等多个方面。另外，虚拟现实系统在远程教育、科学计算可视化、工程技术、建筑、电子商务、交互式娱乐和艺术等领域都有着极其广泛的应用。利用它可以创建多媒体通信和设计协作系统、实境式电子商务、网络游戏和虚拟社区的全新的应用系统等。

1. 教育应用

虚拟现实系统应用于建造人体模型、电脑太空旅游、化合物分子结构显示等领域，由于数据更加逼真，大大提高了人们的想象力、激发了受教育者的学习兴趣，学习效果十分显著。同时，随着计算机技术、心理学和教育学等多种学科的结合和发展，将能够提供更加协调的人机对话方式。

2. 工程应用

当前的工程很大程度上要依赖于图形工具，以便直观地显示各种产品，目前，CAD/CAM 已经成为机械、建筑等领域必不可少的软件工具。虚拟现实系统的应用将使工程人员能通过全球网或局域网按协作方式进行三维模型的设计、交流与发布，进一步提高生产效率并削减成本。

3. 商业应用

对于那些期望与顾客建立直接联系的公司，尤其是那些在他们的主页上向客户发送电子广告的公司，Internet 具有特别的吸引力。虚拟系统的应用有可能大幅度改善顾客购买商品的经历。例如，顾客可以访问虚拟世界中的商店，在那里挑选商品，然后通过 Internet 办理付款手续，商店会及时把商品送到顾客手中。

4. 娱乐应用

娱乐领域是虚拟现实系统的一个重要应用领域。其能够提供更为逼真的虚拟环境，使人们能够享受其中的乐趣，带来更好的娱乐感觉。用户可以使用一个鼠标、游戏杆或其他跟踪器，随意"行走"在方案规划中的居住小区或购物中心，任意进入其中的建筑，甚至可以乘座电梯，上到二楼去看一看新店铺的门面设计，感受一下购物中心大厅的装饰和其透过明媚阳光的天窗。

四、多代理系统的应用

（一）代理的结构

代理系统是一个高度开放的智能系统，其结构将直接影响到系统的性能和智能程度。例如，一个在自主环境中自主移动的机器人需对它面临的各种复杂地形、地貌、通道状况及环境信息作出实时感知和决策，控制执行机构完成各种运动操作，实现导航、跟踪、越野等功能，并保证移动机器人处于最佳的运动状态。这就要求构成该移动机器人系统的各个代理，自主地完成局部问题求解任务，显示出较高的求解能力，并通过各代理之间的协作来完成全局任务。人工智能的任务就是设计代理程序，即处理从感知到动作的映射函数。这种代理程序需要在某种称为结构的计算设备上运行。这种结构可能是一台普通的计算机，或者可能包含执行某种任务的特定硬件，还可能包括在计算机和代理程序间提供某种程度隔离的软件，以便在更高层次上进行编程。一般意义上，体系结构可以通过传感器感知周围的状态，并把结果送给程序，即智能节点或称为代理，之后代理根据信息处理的结果去调整执行器，使其做出相应的动作。可见，代理、体系结构和程序之间存在如下关系：

$$代理 = 体系结构 + 程序$$

代理必须利用知识修改其内部心理状态，以满足环境变化和协作求解的需要。代理的行动首先应该受到其内部心理状态驱动。人类心理状态的要素有认知（信念、知识和学习等）、情感（愿望、兴趣和爱好等）和意向（意图、目标、规划和承诺等）三种，所以对智能代理要确立信念、愿望和意图之间的关系及其形式化描述，从而建立代理的信念—愿望—意图模型，这样才能对代理系统进行深入的研究。

（二）代理的特点

代理作为智能主体，一般具有以下特点：

①代理性：代理具有代表他人的能力，这也是代理的第一特征。

②自制性：一个代理是一个独立的计算实体，具有不同程度的自制能力。它能在非事先规划、动态的环境中解决实际问题，在没有用户参与的情况下，独立发现和索取符合用户需要的资源、服务等。

③主动性：代理能够遵循承诺采取主动，做出面向目标的行为。在互联网上的代理可以漫游全网，为用户收集信息，并将信息提交给用户。

④反应性：代理能感知环境并对环境做出适当的反应。

⑤社会性：代理具有一定的社会性，即它们可能同代理代表的用户资源及其他代理进行交流。

（三）代理系统的智能性

由于代理本身存储有知识，且具有逻辑推理功能，所以每个代理都具有一定的智能性，即每个代理都是一个具有一定智能的决策节点。这样由代理组成的系统，就构成了分布式的人工智能系统。代理作为人工智能研究的重要分支已经越来越受重视。随着网络的发展，多代理系统和移动代理不断在网络中得到试验。这样的系统存在于网络之中，不仅使网络成为并行分布计算的有力工具，而且将使网络成为并行分布式的智能推理的强大工具。这就使对智能代理的研究具有了更大的潜力和更广阔的前景。在这方面的研究包括代理系统的分析和建模。

五、数控机床及其应用

数控机床是现代制造业的关键设备，是数控技术中难度较大、应用范围较广的技术。它集计算机控制、高性能伺服驱动和精密加工技术于一体，可广泛应用于复杂曲面的高效、精密和自动化加工过程中。数控机床也是发电、船舶、航天航空、模具和高精密仪器等民用工业和军工部门迫切需要的关键加工设备。国际上把数控技术作为一个国家工业化水平的标志。数控机床是为适应多面体和曲面体零件加工而出现的。随着机床复合化技术的新发展，已经出现了能进行铣削加工的车铣中心。

（一）数控技术在高压水流切割机床中的应用

数控技术是用电子信息对机械零件加工过程进行控制的技术，数控机床是以数控技术同制造产业相结合形成的机电一体化产品。数字化生产设备，应用到的技术包括机械制造技术信息处理技术、自动控制技术、伺服驱动技术、传感器技术与软件技术等。

二维高压水流数控切割机床是 20 世纪 90 年代发展起来的一种高性能切割设备，其原理是由计算机控制高压水流切割任意形状的二维材料。二维高压水流数控切割机床的控制包括了数控技术应用的六个方面，下面主要从信息处理和自动控制这两个方面进行介绍。

信息处理贯穿了数控机床的全部工作过程，也是数控技术中的关键之一。二维高压水流数控切割机床，包括信息采集、信息加工和信息传输三个部分。对图形信息采集，是计算机辅助设计和计算机辅助制造（CAD/CAM）的关键技术，数据的采集精度，数据的处理速度直接影响了数控系统的效率。数据的采集精度越高其数据处理速度越慢，数控系统的效率越低。二维超高压水射流切割机床的加工对象是任何平面材料的任何二维图形，其采集精度在小数点后 4 位时，加工精度与控制效率都可达到满意的效果。

（二）信息加工和信息传输

信息加工是在 AUTOCAD 软件平台基础之上进行二次开发实现的。其主要任务包括实现排料、自动识别移刀和进刀、定义加工速度和延时有效性、自动机床加工代码输出的功能。移刀和进刀点要定义得方便灵活，以便编程员在加工不同材料时设计出合理的加工路线，避免加工完毕后因工件跷起导致与刀头碰撞的问题。

信息传输是指通过控制模块将数据代码传递给执行元件，在 Windows 的系统平台下，文件的传输简单并且高效，因此数据以文件交换的形式在网络中传输。在二维超高压水射流数控切割机床中，自动控制系统是以工控系统为中心，读取并处理信息，产生控制命令代码，进而对机床各动作部件进行统一控制，对运动过程的各项参数进行实时采集。

六、计算机集散控制系统

集散控制系统（Distributed Control System，DCS），又称分散型综合控制系统或分布式控制系统，它是计算机技术在过程控制中应用的产物，是随着计算机控制技术和网络通信技术的不断发展出现的数字综合控制系统。

（一）DCS 的结构和特点

DCS 系统发展的速度非常快，硬件大约每隔五六年就会更新换代，出现新产品、新系统，软件每年都会出现新版本。因此各种 DCS 系统都有一些区别，这里只介绍一些通用的情况。工业上通常使用的集散控制系统，一般包括主计算机、通用操作站、系统管理模块、局部计算机网络、网间连接器、数据采集器和多功能控制器等。

主计算机就是监控计算机，也叫上位机。是监视整个 DCS 系统工作状态的计算机，负责系统的冗余切换、故障切换和系统管理等。

通用操作站是直接联在局域网络上的操作站，其是操作人员对工业过程进行控制的界面，一般要显示各种流程图、工艺参数报警状态和控制器等，操作员可以触摸屏幕或触摸键盘进行操作，也可以用鼠标来操作。

系统管理模块是一个很大的模块库，包括历史数据模块、复杂计算模块、优化算法模块、接口通信模块和故障识别模块等。

网间连接器是局域网同系统子网或其他网络连接的装置，它可以连接到可编程控制器 PLC 上，也可以连接到各种工业网络上。

（二）DCS 的通信系统

DCS 的数据通信系统指在控制室的主计算机和在现场的数字设备之间的通信系统，这样的通信通常是计算机网络或现场数据总线，这里只介绍计算机网络的通信。现场数字设备包括智能传感器、现场开关和执行机构等。

信道是指信号从发送端到接受端的传送通路，可以视双绞线、同轴电缆或光导纤维为信道。如果传输数字信号，则是传输二进制信号；如果传输模拟信号，则是传输高频正弦波信号。

纠错编码器可以对由信源传送来的数字信号进行二进制编码，产生二进制的脉冲序列，同时自动纠正编码出现意外时产生的差错。

纠错解码器可以将二进制脉冲序列还原为数字信号，同时纠正数字信号中出现的错误。

调制器是用二进制脉冲序列信号去调制高频的载波信号，调制的方法可以是调幅、调频或调相。解调器则是从被调制的高频信号中提取出有用的二进制脉冲序列信号，所以解调是调制工作的逆过程。

噪声源是信号在传输过程中不可避免的干扰引起的，各种电磁场或高频段的电磁波信号，都会对传输中的高频信号产生一定的干扰。

定时同步系统包括同步形成和同步提取两部分，在信号传输时，接受端和发送端只有同步工作，方能使信号正确的传送，由此两端都必须有定时电路来保证正确的时序关系。

（三）DCS 的可靠性和安全性

DCS 系统大量地应用在石油化工等各种易燃、易爆工业过程控制中，因此 DCS 的可靠性和安全性非常重要。DCS 的可靠性和安全性是依靠计算机技术、通信技术、显示技术、人际交换技术和硬件制造技术的先进成果来实现的。在具体结构上，热备冗余系统、光电信号隔离等起到了关键作用。

首先，DCS 多采用的是松散耦合的多处理机系统，分层式结构，依靠网络进行工作，这样就使危险性得到了分散，当一个子系统出现故障不能正常工作时，不会对其他子系统产生太大影响。在 DCS 中，主计算机负责管理全局，位于系统的上层，对实时性要求比较低。控制现场的输入、输出（I/O）接口位于系统的下层，实时性要求比较高。这样控制功能和现场 I/O 接口就实现了功能和地域上的分散。在处理复杂控制系统时，各个单回路控制器使用单回路控制卡，这样就实现了功能上的分散。而数据库要使用分散型和重复型，这样就实现了数据库的分散。

其次，冗余化结构是 DCS 系统提高可靠性和安全性的十分有效的手段。这种结构就是使用相同的两套硬件系统同时工作，但只有一套系统的结果输出去控制实际过程，其他系统则在第一套系统出现故障时切换使用，这就是热备冗余系统。两套系统都保持同步运转，它们之间的切换，则是在工作机出现故障后，由另一台计算机自动控制进行的。

一般在 I/O 接口板处容易出现故障，所以每一块接口板都有一个对应的热备冗余板在工作，每个机箱中，则有一块管理板负责判断故障和处理切换事项，这是机箱内部的冗余结构。在机箱之间也要有热备冗余状态的机箱，一个机箱不能工作时，输出信号立刻自动切换到另一个相同的机箱。

最后，为防止电源系统出问题，也要有备用的电源系统。这就使整个系统中各处的故障都可以被冗余部分补救过来。在出现故障和冗余切换之后，系统还会自动通知工作人员更换和维修。另外，光电隔离器可以把现场的各类电磁感应干扰和静电冲击，隔离在计算机接口之外，这样就保护了计算机，防止了硬件系统的损坏。

第二节　自动化制造系统技术方案

自动化制造系统技术方案的制定是在综合考虑被加工零件种类、批量、年生产纲领和零件工艺特点的基础上，结合工厂实际条件，如工厂技术条件、资金情况、人员构成、任务周期、设备状况等，建立生产管理系统方案。

一、自动化制造系统技术方案的制定

（一）自动化制造系统技术方案的内容

自动化制造系统技术方案包括如下几方面。

①根据加工对象的工艺分析，确定加工工艺方案。

②根据年生产纲领，核算生产能力，确定加工设备品种、规格及数量。

③按工艺要求、加工设备及控制系统性能特点，对国内外市场可供选择的工件输送装置的市场情况和性能价格状况进行分析，最后确定工件输送及管理系统方案。

④按工艺要求、加工设备及刀具更换的要求，对国内外市场可供选择的刀具更换装置的类型作综合分析，之后确定出刀具输送更换及管理系统方案。

⑤按自动化制造系统目标、工艺方案的要求，确定必要的清洗、测量、切削液的回收、切屑处理及其他特殊处理设备的配置。

⑥根据自动化制造系统目标和系统功能需求，结合计算机市场可供选择的机型及其性能价格，本企业已有资源及基础条件等因素，综合分析确定系统控制结构及配置方案。

⑦根据自动化制造系统的规模、企业生产管理基础水平及发展目标，综合分析确定数据管理系统方案。如果企业准备进一步推广应用 CIMS 技术，则统筹规划配置商用数据库管理系统是合理的，也是必要的。

⑧根据控制系统的结构形式、自动化制造系统的规模及企业技术发展目标，综合分析确定通信网络方案。

（二）确定自动化制造系统的技术方案时需要注意的问题

1. 必须坚持走适合我国国情的自动化制造系统发展道路

在规划和实施自动化制造系统过程中，必须针对我国的实际情况，绝不能生搬硬套国外的模式。

2. 始终保持需求驱动、效益驱动的原则

采用自动化制造，只有真正解决企业的"瓶颈"问题，确保企业收到实效，才会有生命力。

3. 加强关键技术的攻关和突破

在自动化制造系统实施过程中必然会遇到许多技术问题，在这种情况下只有集中优势兵力突破关键技术，才能使系统获得成功。

4. 重视管理

既要重视管理体制对自动化制造系统实施的影响，还应加强对自动化制造系统本身的管理。只有二者兼顾，自动化制造系统的实施才会成功。

5. 注重系统集成效益

如果企业还要发展应用 CIMS，那么自动化制造系统只是 CIMS 的一个子系统，除了优化自动化制造系统本身，CIMS 的总体效益最优方是最终目标。

6. 注重教育与人才培训

采用自动化制造系统技术要有雄厚的人力资源作为保障，因此，只有重视教育，加强对工程技术人员及管理人才的培训，才能使自动化制造系统充分发挥作用。

二、自动化加工工艺方案涉及的主要问题

（一）自动化加工工艺的基本内容与特点

1. 自动化加工工艺方案的基本内容

随着机械加工自动化程度的提高，自动化加工的工艺范围也在不断扩大。自动化加工工艺的基本内容包括大部分切削加工，如车削、钻削、滚压加工等；还有部分非切削加工也能实现自动化，如自动检测、自动装配等。

2. 自动化加工工艺方案的特点

①自动化加工中的毛坯精度比普通加工要求高，并且在结构工艺性上要考虑适应自动化加工需要。

②一般情况下，自动化加工的生产率比采用万能机床的普通加工要高几倍至几十倍。

③自动化加工中的工件加工精度稳定，人为影响小。

④自动化加工系统中切削用量的选择，以及刀具尺寸控制系统的使用，以保证加工精度、满足一定的刀具耐用度、提高劳动生产率为目的。

⑤在多品种小批量的自动化加工中，设计工艺方案应以成组技术为基础，充分发挥数控机床等柔性加工设备在适应加工品种改变方面优势。

（二）实现加工自动化的要求

加工过程自动化的设计和实施应满足以下要求。

1. 提高劳动生产率

是否能提高劳动生产率是评价加工过程自动化是否优于常规生产的标准，而最大生产率是建立在产品的制造单件时间最少和劳动量最小的基础上的。

2. 稳定和提高产品质量

产品质量的好坏，是评价产品本身和自动加工系统是否有使用价值的重要标准。产品质量的稳定和提高是建立在自动加工、自动检验、自动调节、自动适应控制与自动装配水平的基础上的。

3. 降低产品成本和提高经济效益

产品成本的降低，不仅能减轻用户的负担，而且能提高产品的市场竞争力，而经济效益的增加才能使工厂获得更多的利润、积累资金和扩大再生产。

4. 改善劳动条件和实现文明生产

采用自动化加工必须符合减轻工人劳动强度、改善职工劳动条件、实现文明生产和安全生产的标准。

5. 适应多品种生产的可变性及提高工艺适应性

随着生产技术的发展，以及人们对设备的使用性能和品种的要求的提高，产品更新换代加快，因此自动化加工设备应具有足够的可变性和产品更新后的适应性。

（三）成组技术在自动化加工中的应用

成组技术（Group Technology，GT）就是将企业生产的多种产品、部件和零件按照特定的相似性准则（分类系统）分类，并在分类的基础上组织产品生产，从而实现产品设计、制造工艺和生产管理的合理化。成组技术是通过对零件之间客观存在的相似性进行标识，按相似性准则将零件分类来达到上述目的。零件的工艺相似性包括装夹、工艺过程和测量方式的相似性。

在上述条件下，零件加工就可以采用该组零件的典型工艺过程，成组可调工艺装备（刀具、夹具和量具）来进行，不必设计单独零件的工艺过程和专用工艺装备，从而显著减少了生产准备时间和准备费用，也减少了重新调整的时间。

采用成组技术不仅可使工件按流水作业方式生产，且工位间的材料运输和等待时间以及费用都可以减少，并简化了计划调度工作，在流水生产条件下，显然易于实现自动化，从而提高了生产率，降低了成本。

必须指出的是，在成组加工条件下，形状、尺寸以及工艺路线相似的零件，合在一组在同一批中制造，有时会出现某些零件早于或迟于计划日期完成，从而使零件库存费用增加的情况，但这个缺点在制成全部成品时可能就不存在了。

1. 成组技术在产品设计中的应用

利用成组技术可以使设计信息重复使用，不仅能显著缩短设计周期和减少设计工作量，还为制造信息的重复使用创造了条件。

成组技术在产品设计中的应用，不仅是零件图的重复使用，其更深远的意义是为产品设计标准化明确了方向，提供了方法和手段，并可获得巨大的经济效益。以成组技术为基础的标准化是促进产品零部件通用化、系列化、规格化和模块化的杠杆，目的如下：

①产品零件的简化，即用较少的零件满足多样化的需求。

②零件设计信息的多次重复使用。

③零件设计为零件制造的标准化和简化创造了条件。

根据不同情况，可以将零件标准化分成零件主要尺寸的标准化、零件中功能要素配置的标准化、零件基本形状标准化、零件功能要素标准化乃至整个零件是标准件等不同的等级，按实际需要加以利用，进一步在设计标准化的基础上实现工艺标准化。

2. 成组技术在车间设备布置中的应用

中小批生产中采用的传统"机群式"设备布置形式，由于物料运送路线较为混乱，增加了管理的困难，如果按零件组（族）组织成组生产，并建立成组单元，机床就可以布置为"成组单元"形式。这样，物料流动直接从一台机床到另一台机床，不需要返回，既方便管理，又可将物料搬运工作简化，并将运送工作量降至最低。

3. 成组调整和成组夹具

回转体零件实现成组工艺的基本原则是调整的统一。如在多工位机床上加工时（如转塔车床、自动车床），调整的统一是夹具和刀具附件的统一，即在相同条件下用同一套刀具及附件加工一组或几个组的零件。由于回转体零件所使用的夹具形式和结构差别不大，较易做到统一。因此，使用同一套刀具及其附件是实现回转体零件成组工艺的基本要求。

由于数控车削中心的发展及完善，很容易就能实现回转体零件的成组工艺。

非回转体零件实现成组工艺的基本原则之一则是零件必须采用统一的夹具，即成组夹具。成组夹具是可调整夹具，即夹具的结构可分为基本部分（夹具体、传动装置等）和可调整部分（如定位元件、夹紧元件）。基本部分对某一零件组或同类数个零件组都适用。

当加工零件组中的某个零件时，只需要调整或更换夹具上的可调整部分，即调整和更换少数几个定位或夹紧元件，就可以加工同一组中的任何零件。

现有夹具系统中，通用可调整夹具、专业化可调整夹具、组合夹具等均可作为成组夹具使用。采用哪一种夹具，主要由批量的大小、加工精度的高低、产品的生命周期等因素决定。

通常，零件组批量大、加工精度要求高时都采用专用化可调整夹具，零件组批量小时可采用通用可调整夹具和组合夹具，如产品生命周期短则用组合夹具。

综上所述，基于成组技术的制造模式与计算机控制技术相结合，为多品种、小批量的自动化制造开辟了广阔的前景。因此，可成组技术被认为是现代制造系统的基础。

在自动化制造系统中采用成组技术的必要性主要体现在以下几个方面。

①利用零件之间的相似性进行归类，从而扩大了生产批量，可以以少品种、大批量生产的生产率和经济效益实现多品种、中小批量的自动化生产。

②在产品设计领域，提高了产品的继承性和标准化、系列化、通用化程度，大大减少了不必要的多样化和重复性劳动，缩短了产品的设计研制周期。

③在工艺准备领域，由于成组可调工艺装备（包括刀具、夹具和量具）的应用，大大减少了专用工艺装备的数量，相应地也减少了生产准备时间和费用。减少了由于工件类型改变所需的重新调整时间，不仅降低了生产成本，也缩短了生产周期。

三、工艺方案的技术经济分析

（一）自动化加工工艺方案的制订

工艺方案是确定自动化加工系统的工艺内容、加工方法、加工质量以及生产率的基本文件，是进行自动化设备结构设计的重要依据。工艺方案的正确与否，关系到自动化加工系统的成败。所以，对于工艺方案必须给予足够的重视，要密切联系实际，力求做到工艺方案可靠、合理、先进。

1. 工件毛坯

旋转体工件毛坯，多为棒料、锻件与少量铸件。箱体、杂类工件毛坯，多为铸件和少量锻件，目前箱体类工件多采用钢板焊接件。

供自动化设备加工的工件毛坯应采用先进的制造工艺，如金属模型、精密铸造和精密锻造等，以提高工件毛坯的精度。

工件毛坯尺寸和表面形状允差要小，以保证加工余量均匀。工件硬度变化范围要小，以保证刀具寿命稳定，有利于刀具管理。这些因素都会影响工件的加工工序和输送方式，毛坯余量过大和硬度不均会导致刀具耐用度下降，甚至损坏，硬度变化范围过大还会影响精加工质量（尺寸精度、表面粗糙度）。

为了适合自动化加工设备加工工艺的特点，在编制方案时，可对工件和毛坯做某些工艺和结构上的局部修改。有时为了实现直接输送，需要在箱体、杂类工件上做出某些工艺凸台、工艺销孔、工艺平面或工艺凹槽等。

2. 工件定位基面的选择

工件定位基准应遵循一般的工艺原则，旋转体工件一般将中心孔、内孔或外圆以及端面或台肩面作为定位基准，直接输送的箱体工件一般以"两销一面"作为定位基准。此外，还需注意以下原则。

①应当选用精基准定位，以减少各工位上的定位误差。

②尽量将设计基准作为定位面，以减少由于两种基准的不重合而产生的定位误差。

③所选的定位基准，应使工件在输送时转位次数最少，以减少设备数量。

④尽可能采用统一的定位基面，以减少安装误差，有利于实现夹具结构的通用化。

⑤所选的定位基面应使夹具的定位夹紧机构简单。

⑥对箱体、杂类工件，所选定位基准应使工件露出尽可能多的加工面，以便实现多面加工，确保加工面间的相对位置精度，减少机床台数。

3. 直接输送时工件输送基面

①旋转体工件输送基面。旋转体工件输送通常为直接输送。

a. 小型旋转体工件，可借助重力，在输送料道中进行滚动和滑动输送。滚动输送一般以外圆作为支承面，两端面为限位面，为防止输送过程中工件偏歪，要注意工件限位面与料槽之间保持合理的间隙。以防工件在料槽中倾斜、卡死。此外，两端支承处直径尺寸应尽量一致，并使工件重心在两支承点的对称线处，轴类工件纵向滑动输送时以外圆作为输送基面。

b. 若难以利用重力输送或为提高输送可靠性，可以采用强迫输送。轴类工件以两端轴颈作为支承，用链条式输送装置输送，或以外圆作为支承从一端面推动工件沿料道输送。盘、环类工件以端面作为支承，用链板式输送装置输送。

②箱体工件输送基面。箱体工件加工自动线的工件输送方式有直接输送和间接输送两种。直接输送工件不需随行夹具及返回装置，并且在不同工位容易更换定位基准，在确定设备输送方式时，应优先考虑采用直接输送。箱体类工件输送基面，一般以底面为输送面，两侧面为限位面，前后面为推拉面。当采用步进式输送装置输送工件时，输送面和两侧限位面在输送方向上应有足够的长度，以防止输送时工件偏斜。畸形工件采用抬起步进式输送装置输送时，工件重心应落在支承点包围的平面内。在机床夹具对工件输送位置有严格要求时，工件的推拉面和工件的定位基准之间应有精度要求。畸形工件采用抬起步伐式输送装置或托盘输送时，应尽可能使输送限位面与工件定位基准一致。

4. 工艺流程的编制

编制工艺流程是确定自动化设备工艺方案工作中最重要的一步，直接关系到加工系统的经济效果及工作的可靠性。

编制工艺流程，主要解决以下两个问题。

（1）确定工件在加工系统中加工所需的工序

①正确选择各加工表面的工艺方法及其工步数。

②合理确定工序间的余量。

（2）安排加工顺序

在安排加工顺序时，应依据以下原则。

①先面后孔。先加工定位基面，后加工一般工序，先加工平面，后加工孔。

②粗精加工分开，先粗后精。对于同一加工表面，粗、精加工工位应拉开一定距离，以避免切削热、机床振动、残余应力及夹紧应力对精加工的影响。重要加工表面的粗加工工序应放在前面进行，以利于及时发现和剔除废品。

③工序的适当集中及合理分散。这是编制工艺方案时的重要原则之一。工序集中可以提高生产率，减少加工系统的机床（工位）数量，简化加工系统的结构，从而节约设备投资、操作人员和占地面积。工序集中，可以将有相互位置精度要求的加工表面，如阶梯孔、同心阶梯孔，以及平行、垂直或成一定角度的平面等，在同一台机床（工位）上加工出来，保证几个加工面的相互位置精度。

工序集中的方法一般采用成形刀具、复合式组合刀具、多刀、多轴、多面和多工件同时加工。工序集中应以保证工件的加工精度，加工时不超出机床性能（刚度、功率等）允许范围为前提。集中程度以不使机床的结构和控制系统过于复杂和刀具更换与调整过于困难，造成系统故障增加，维修困难，停车时间加长，使设备利用率降低为限。

合理的工序分散不仅能简化机床和刀具的结构，使加工系统便于调整、维护和操作，有时也便于平衡限制工序加工的节拍时间，提高设备的利用率。

④工序适当单一化。镗大孔、钻小孔、攻螺纹等工序，尽可能不安排在同一主轴箱上，以免传动系统过于复杂以及刀具调整、更换不便。攻螺纹工序最好安排在单独的机床上进行，必要时也可以安排为单独的攻螺纹工段，这样可使机床结构简化，有利于切削液及切屑的处理。

⑤注意安排必要的辅助工序。合理安排必要的检查、倒屑、清洗等辅助性工序，对于提高加工系统的工作可靠性、防止出现成批废品有重要意义。如在钻孔和攻螺纹后对孔深进行探测。

⑥多品种加工。为提高加工系统的经济效果，对于批量不大而工艺外形、结构特点和加工部位类似的工件，可采取多品种加工工艺，如采用可调式自动线或"成组"加工自动线来适应多品种工件的加工。

5. 工序节拍的平衡

当采用自动线进行自动化加工时，其所需的工序及加工顺序确定了以后，还可能出现各种工序的生产节拍不相符的情况。应尽量使各个工位工作循环时间近似。平衡自动线各工序的节拍，可使各台设备最大限度地发挥生产效能，提高单台设备的负荷率。

（二）自动化加工工艺方案的技术经济分析

1. 技术分析

自动化加工工艺方案的技术分析主要包括工艺流程设计、生产效率和灵活性与适应性三个方面。

（1）工艺流程设计

在设计自动化加工工艺时，首先，需要选择合适的自动化设备。这些设备可能包括工业机器人、数控机床（CNC）、自动化传输系统、智能检测设备等。选择设备时，应综合考虑加工需求、生产规模和技术水平。例如，对于高精度零件加工，数控机床是一个不错的选择，而对于重复性高、劳动强度大的装配工序，工业机器人则能显著提高效率。其次，工艺流程的优化也是技术分析中的一个重要环节。通过对各个加工环节的详细分析，找到生产中的瓶颈并加以改进，可以显著提升整体生产效率。例如，在汽车制造过程中，车身焊接是一个关键环节，采用机器人焊接可以大幅度提高焊接速度和质量，从而优化整个生产流程。

（2）生产效率

自动化设备通常具有更高的生产速度和更低的错误率。例如，在电子产品制造中，自动化贴片机的生产速度远远高于人工操作，且能够保证每个贴片的位置和角度一致，从而提高产品的合格率。此外，自动化设备还可以 24 小时不间断工作，大幅度提高产能。自动化生产还能够减少人为干预，降低人为因素导致的误差和质量问题。例如，在食品加工行业，自动化灌装设备可以精确控制每次灌装的量，避免了人工灌装时可能出现的过量或不足情况，从而保证产品的一致性和质量。

（3）灵活性和适应性

随着市场需求的多样化和个性化，生产工艺的灵活性和适应性变得尤为重要。自动化系统需要具备快速调整的能力，以适应不同产品的生产需求。例如，采用模块化设计的自动化生产线，可以通过更换或调整部分模块，快速切换生产不同类型的产品。此外，技术升级也是自动化系统需要考虑的重要因素。自动化设备应具备一定的可升级性，以便在技术发展迅速的情况下，通过软硬件的升级，保持设备的先进性和竞争力。例如，许多工业机器人都支持通过软件更新来提升其功能和性能，从而延长设备的使用寿命，降低企业的投资风险。

2. 经济分析

经济分析主要包括成本分析、生产成本和经济效益三个方面。

（1）成本分析

自动化加工工艺的初始投资通常较高，包括设备购置、安装、调试和员工培训等费用。例如，一条全自动化的生产线可能需要数百万甚至上千万元的投资。因此，企业在决策时需要进行详细的成本预算和可行性分析。在运营阶段，自动化设备的运营成本相对较低，主要包括电力消耗、设备维护和保养等。相较于人工成本，自动化设备的运营成本具有较大的优势。例如，在电子元器件制造中，采用自动化生产可以减少大量的人工操作，从而显著降低人力成本。此外，投资回收期也是经济分析中的一个重要指标。通过计算自动化投资的回收期，可以评估自动化方案的经济可行性。例如，一条自动化生产线的回收期为三年，那么在三年之后，企业将开始获得净利润，这对于企业的长期发展是非常有利的。

（2）生产成本

自动化生产可以显著降低生产成本，主要体现在以下几个方面。

原材料成本：自动化设备可以精确控制原材料的使用量，减少浪费，从而降低原材料成本。例如，在塑料制品加工中，自动化设备可以精确控制每次注塑的量，避免了人工操作时可能出现的材料浪费。

能源成本：自动化设备通常具有更高的能效，可以降低能源消耗。例如，现代数控机床采用先进的节能技术，可以在保证加工质量的前提下，显著降低能耗。

人工成本：自动化生产可以减少对人工的依赖，从而降低人工成本。例如，在纺织行业，自动化织布机可以替代大量的人工操作，从而显著降低人力成本。

（3）经济效益

自动化加工工艺的经济效益主要体现在以下几个方面。

成本节约：自动化生产可以减少人工成本和材料浪费，降低生产成本。例如，在汽车制造中，自动化焊接设备可以显著减少焊接材料的浪费，从而降低生产成本。

产量提升：自动化设备具有更高的生产效率，可以显著提高产量。例如，在食品加工行业，自动化灌装设备可以在相同时间内灌装更多的产品，从而提高产量。

市场竞争力：通过提高产品质量和生产灵活性，自动化生产可以增强企业的市场竞争力。例如，在电子产品制造中，自动化生产可以保证产品的一致性和高质量，从而提高市场竞争力。

3. 风险分析

自动化加工工艺方案的风险分析主要包括技术风险、经济风险和管理风险三个方面。

（1）技术风险

自动化设备可能会出现各种故障，影响生产进度。例如，工业机器人可能会因传感器故障或控制系统问题而停机，从而影响生产计划。为了降低技术风险，企业需要建立完善的设备维护和保养制度，定期检查和维护自动化设备，及时发现并解决潜在问题。此外，技术的快速发展也可能导致现有设备过时。例如，新一代的自动化设备可能具有更高的效率和更低的能耗，从而使现有设备的竞争力下降。为了应对这一风险，企业需要保持对新技术的关注，及时进行设备升级和技术改造。

（2）经济风险

市场需求的变化可能影响自动化投资的回报。例如，市场需求突然下降，企业的生产规模可能需要缩减，从而影响自动化投资的经济效益。为了降低经济风险，企业需要进行市场调研和预测，制定灵活的生产计划，以应对市场需求的变化。此外，高额的初始投资可能对企业的资金流动造成压力。如果企业的资金链断裂，可能会导致自动化项目的中断甚至失败。为了降低这一风险，企业需要进行详细的财务规划，确保有足够的资金支持自动化项目的顺利进行。

四、自动化加工设备的选择与布局

（一）自动化加工设备的选择

首先应根据产品批量的大小以及产品变型品种数量确定加工系统的结构形式。

对于中小批量生产的产品，可选用加工单元形式或可换多轴箱形式；对于大批量生产，可以选用自动生产线形式。在编制加工工艺流程之后，可根据加工任务（如工件图样要求及对生产能力的要求）来确定自动机床的类型、尺寸、数量。

对于大批量生产的产品，可根据加工要求，为每个工序设计专用机床或组合机床。

对于多品种中小批量生产，可根据加工零件的尺寸范围、工艺性、加工精度及材料等要求，选择适当的专用机床、数控机床或加工中心；根据生产要求（如加工时间及工具要求，批量和生产率的要求）来确定设备的自动化程度，如自动换刀、自动换工件及数控设备的自动化程度；根据生产周期（如加工顺序及传送路线），选择物料流自动化系统形式（运输系统及自动仓库系统等）。

（二）自动化加工设备的布局

自动化加工设备的布局形式是指组成自动化加工系统的机床、辅助装置以及连接这些设备的工件传送系统中，各种装置的平面和空间布置形式。其由工件加工工艺、车间的自然条件、工件的输送方式和生产纲领所决定。

1. 自动线的布局形式

（1）旋转体加工自动线的布局形式

①贯穿式。工件传送系统设置在机床之间，特点是上下料及传送装置结构简单，装卸料工件输注时间短，布局紧凑，占地面积小，但影响工人通过，料道短，贮料有限。

②架空式。工件传送系统设置在机床的上方，输送机械手悬挂在机床上方的架上。机床布局呈横向或纵向排列，工件传送系统完成机床间的工件传送及上下料。这种布局结构简单，适于生产节拍较长且各工序工作循环时间较均衡的轴类零件。

③侧置式。工件传送系统设置在机床外侧，机床呈纵向排列，传送装置设在机床的前方，安装在地上。为了便于调整操作机床，可将输送装置截断。输送料道还具有贮料作用。这种布局的自动线有串联与并联两种。

（2）组合机床自动线的布局形式

①直线通过式和折线通过式。步伐式输送带按一定节拍将工件依次送到各台机床上进行加工，工件每次输送一个步距。工人在自动化生产线起端上料，末端卸料。对于工位数多、规模大的自动线，直线布置受到车间长度限制，通常布置成折线式。

②框型。框型是折线式的封闭形式。框式布局更适用于输送随行夹具及尺寸较大和较重的工件自动化生产线，且可以节省随行夹具的返回装置。

③环型。环型自动化生产线工件的输送轨道是圆环形，多为中央带立柱的环型线。它不需要高精度的回转工作台，工件输送精度只需满足工件的初定位要求。环型自动线可以直接输送工件，也可借助随行夹具输送工件。对于直接输送工件的环型线，装卸料可集中在一个工位。对于随行夹具输送工件的环型线，不需随行夹具返回装置。

④非通过式。非通过式布局的自动化生产线，工件输送不通过夹具，而是从夹具的一个方向送进和拉出，使每个工位可能增加一个加工面，也可增设镗模支架。非通过式自动化生产线适于由单机改装联成的自动化生产线，或工件不宜直接输送而必须吊装，以及工件各个加工表面需在一个工位加工的自动化生产线。

2.柔性制造系统的布局

柔性制造系统的总体布局有以下几种布置原则。

①随机布置原则。这种布局方法是将若干机床随机地排列在一个长方形的车间内。其缺点是很明显的，只要多于三台机床，运输路线就会非常复杂。

②功能原则（或叫工艺原则）。这种布局方法是根据加工设备的功能，分门别类地将同类设备组织到一起，如车削设备、销铣设备、磨削设备等。这样，工件的流动方向是从车间的一头流向另一头。这种布局方法的零件运输路线也比较复杂，这是因为工作的加工路线并不一定总是按车、铣、磨这样的顺序流动。

③模块式布置原则。这种布局方式的车间由若干功能类似的独立模块组成，这种布局方式看起来增加了生产能力的冗余度，但在应对紧急任务和意外事件方面有明显的优点。

④加工单元布置原则。采用这种布局方式的车间，每一个加工单元都能完成相应的一类产品。这种构思是建立在成组技术基础上的。

⑤根据加工阶段划分原则。将车间分为准备加工阶段、机械加工阶段及特种加工阶段。

第三节　机械制造的自动化技术

一、刚性自动化技术

机械制造中的刚性控制是指传统的电器控制（继电器—接触器）方式，应用这种控制方式的自动线称为刚性自动线。这里所谓的刚性，是指该自动线加工的零件不能改变。如果产品或零件结构发生了变化导致其加工工艺发生了变化，刚性自动线就不能满足加工要求了，因此它的柔性差。刚性自动线一般由刚性自动化设备、工件输送系统、切屑输送系统和控制系统等组成。

自动化加工设备是针对某种零件或一组零件的加工工艺来设计、制造的，由于采用多面、多轴、多刀同时加工，所以自动化程度和生产效率很高。加工设备按照加工顺序依次排列，主要包括组合机床和专用机床等。

控制系统对全线机床、工件输送装置、切屑输送装置进行集中控制，传统的控制方式是继电逻辑电气控制，目前采用可编程控制器。

二、柔性自动化技术

（一）可编程控制器

可编程控制器简称为 PC 或 PLC，可编程控制器是将逻辑运算、顺序控制、时序和计数以及算术运算等控制程序，用一串指令的形式存放到存储器中，然后根据存储的控制内容，经过模拟数字等输入输出部件，并对生产设备和生产过程进行控制的装置。

PLC 既不同于普通的计算机，又不同于一般的计算机控制系统。作为一种特殊形式的计算机控制装置，它在系统结构、硬件组成、软件结构以及 I/O 通道、用户界面诸多方面都有特殊性。为了和工业控制相适应，PLC 采用循环扫描，也就是对整个程序一遍又一遍地扫描，直到停机为止。其之所以采用这样的工作方式，是因为 PLC 是由继电器控制发展而来的，而 CPU 扫描用户程序的时间远远短于继电器的动作时间，只有采用循环扫描的办法才可以解决其中的矛盾。循环扫描的工作方式是 PLC 区别于普通的计算机控制系统的一个重要方面。

虽然各种 PLC 的组成并不相同，但是在结构上是基本相同的，一般由 CPU、存储器、输入输出设备(I/O)和其他可选部件组成。其他的可选部件包括编程器、外存储器、模拟 I/O 盘、通信接口、扩展接口等。CPU 是 PLC 的核心，它用于输入各种指令，完成预定的任务，起到了大脑的作用，自整定、预测控制和模糊控制等先进的控制算法也已经在 CPU 中得到了应用；存储器包括随机存储器（RAM）和只读存储器（ROM），通常将程序以及所有的固定参数固化在 ROM 中，RAM 则为程序运行提供了存储实时数据与计算中间变量的空间；输入输出系统（I/O）是过程状态和参数输入 PLC 的通道以及实时控制信号输出的通道，这些通道可以有模拟量输入、模拟量输出、开关量的输入、开关量输出、脉冲量输入等。当前，PLC 的应用十分广泛。

1. 可编程控制器的主要功能

①逻辑控制。PLC 具有逻辑运算功能，它设置有"与""或""非"等。逻辑指令能够描述继电器触电的串联、并联、串并联、并串联等各种连接。因此它可

以代替继电器进行逻辑与顺序逻辑控制。

②定时控制。PLC 具有定时控制功能。它为用户提供了若干个定时器并设置了定时指令。定时值可由用户在编程时设定，并能在运行中被读出与修改，使用灵活，操作方便。

③计数控制。PLC 能完成计数控制功能。它为用户提供了若干个计数器并设置了计数指令。计数值可由用户在编程时设定，并可在运行中被读出或修改，使用与操作都很灵活方便。

④步进控制。PLC 能完成步进控制功能。步进控制是指完成一道工序以后，再进行下一道工序，也就是顺序控制。PLC 为用户提供若干个移位寄存器，或者直接有步进指令，可用于步进控制，编程与使用很方便。

⑤ A/D、D/A 转换。有些 PLC 还具有"模数"（A/D）转换和"数模"（D/A）转换功能，能完成对模拟量的控制与调节。

⑥数据处理。有的 PLC 还具有数据处理能力，并具有并行运算指令，能进行数据并行传送、比较和逻辑运算，BCD 码的加、减、乘、除等运算，还能进行字"与"、字"或"、字"异或"、求反、逻辑移位、算术移位、数据检索、比较、数值转换等操作，并可对数据存储器进行间接寻址，可与打印机相连而打印出程序和有关数据及梯形图。同时，大部分 PLC 还具有 PID 运算、速度检测等功能指令，这些都大大丰富了 PLC 的数据处理能力。

⑦通信与联网。有些 PLC 采用了通信技术，可以进行远程 I/O 控制，多台 PLC 之间可以进行同位链接，还可以与计算机进行上位链接，接受计算机的命令，并将执行结果告诉计算机。由一台计算机和若干台 PLC 可以组成"集中管理、分散控制"的分布式控制网络，以完成较大规模的复杂控制。

⑧对控制系统监控。PLC 配置有较强的监控功能，它能记忆某些异常情况，或当发生异常情况时自动终止运行。在控制系统中，操作人员通过监控命令可以监视机器的运行状态，可以调整定时或计数等设定值，因而调试、使用和维护方便。

可以预料，随着科学技术的不断发展，PLC 的功能还会不断拓展和增强。如可用于开关逻辑控制、定时和计数控制、闭环控制、机械加工数字控制、机器人控制和多级网络控制等。

2. 可编程控制器的主要优点

①编程简单。考虑到使用者的习惯和技术水平，构成一个实际的 PLC 控制系统一般不需要很多配套的外围设备；PLC 的基本指令不多；常用于编程的梯形图与传统的继电接触控制线路图有许多相似之处；编程器的使用简便；对程序进行增减、修改和运行监视很方便。因此编制程序的步骤和方法容易理解和掌握，只要具有一定电气基础知识，就可以在较短的时间内学会。

②可靠性高。PLC 是专门为工业控制而设计的，在设计与制造过程中均采用了诸如屏蔽、滤波、隔离、无触点、精选元器件等多层次有效的抗干扰措施，因此可靠性很高，平均故障时间间隔为 2 万～5 万小时。此外，PLC 还具有很强的自诊断功能，可以迅速方便地检查判断出故障，缩短检修时间。

③通用性好。PLC 品种多，档次也多，可利用各种组件组合成不同的控制系统，以满足不同的控制要求。同一台 PLC，只要改变软件便可控制不同的对象或应用到不同的工控场合。可见，PLC 通用性好。

④功能强。PLC 具有很强的功能，能进行逻辑、定时、计数和步进等控制，能完成 A/D 与 D/A 转换、数据处理和通信联网等功能。而且 PLC 技术发展很快，功能会不断增强，应用领域会更广。

⑤使用方便。PLC 体积小，重量轻，且便于安装。PLC 编程简单，编程器使用简便。PLC 自诊断能力强，能判断和显示出自身故障，使操作人员检查判断故障方便迅速，而且接线少，维修时只需更换插入式模块，维护方便。修改程序和监视运行状态也容易。

（二）计算机数控

计算机数控系统（CNC），是采用通用计算机元件与结构，并配备必要的输入 / 输出部件构成的。采用控制软件来实现加工程序存储、译码、插补运算，辅助动作，逻辑联锁以及其他复杂功能。

CNC 系统是由程序、输入输出设备、计算机数字控制装置、可编程控制器、主轴控制单元及进给轴控制单元等部分组成。由于它的结构和控制方式不同，有多种分类方法，下面进行简单介绍。

1. 按数控系统的软硬件构成特征分类

按数控系统的软硬件构成特征，可分为硬件数控与软件数控。

数控系统的核心是数字控制装置，传统的数控系统是由各种逻辑元件、记忆元件等组成的逻辑电路，是采用固定接线的硬件结构，数控功能是由硬件来实现的，这类数控系统被称为硬件数控（硬线数控）。

随着半导体技术、计算机技术的发展，微处理器和微型计算机功能增强，数字控制装置已发展成为计算机数字控制装置，即所谓的 CNC 装置，它可由软件来实现部分或全部数控功能。CNC 系统中，可编程控制器（PC）也是一种数字运算电子系统，是以微处理器为基础的通用型自动控制装置，专为在工业环境下应用而设计。它采用可编程序的存储器，在其内部存储执行逻辑运算、顺序控制、定时、计数和算术运算等特定功能的用户操作指令，并通过数字式、模拟式的输入和输出，控制各种类型的机械或生产过程。PC 已成为数控机床不可缺少的控制装置。CNC 和 PC 协调配合共同完成数控机床的控制，其中 CNC 主要完成与数字运算和管理有关的工作，例如零件程序的编辑、插补、运算、译码、位置伺服控制等。PC 主要完成与逻辑运算有关的一些工作，没有轨迹上的具体要求，它接受 CNC 的控制代码 M（辅助功能）、S（主轴转速）、T（选刀、换刀）等顺序动作信息，对其进行译码，转换成对应的控制，控制辅助装置完成机床相应的开关动作，如工件的装夹、刀具的更换、切削液的开关等，它还接受机床操作面板的指令，一方面直接控制机床的动作，另一方面将一部分指令送往 CNC 用于加工过程的控制。

2. 按用途分类

可把数控系统分为金属切削类数控系统、金属成形类数控系统和数控特种加工系统等三类。

3. 按运动方式分类

可分为点位控制系统、点位直线控制系统和轮廓控制系统三类。轮廓控制系统又称连续轨迹控制，该系统能同时对两个或两个以上坐标轴进行连续控制，加工时不仅要控制起点与终点，而且要控制整个加工过程中的走刀路线和速度。它可以使刀具和工件按平面直线、曲线或空间曲面轮廓进行相对运动，加工出任何形状的复杂零件。它可以同时控制 2 ~ 5 个坐标轴联动，功能较为齐全。在加工中，需要不断进行插补运算，然后进行相应的速度与位移控制。数控铣床、数控凸轮磨床、功能完善的数控车床、较先进的数控火焰切割机、数控线切割机及数控绘图机等，都是典型的轮廓控制系统。其取代了各种类型的仿形加工，提高了加工精度和生产效率，因而得到广泛应用。

4. 按控制方式分类

可分为开环控制系统、半闭环控制系统和全闭环控制系统三类。开环控制系统是不具有任何反馈装置的数控系统，无检测反馈环节。半闭环控制系统是在开环数控系统的传动丝杠上或动力源非输出轴上装有角位移检测装置，如光电编码器、感应同步器等，通过检测丝杠或电机的转角间接地检测移动部件的位移，然后反馈至控制系统中。闭环控制系统是在移动部件上直接安装直线位置检测装置，将测量的实际位移值反馈到数控装置中，与输入的位移值进行比较，用差值进行补偿，使移动部件按照实际需要的位移量运动，实现移动部件的精确定位。闭环数控系统的控制精度主要取决于检测装置的精度、机床本身的制造和装配精度。

三、物流自动化技术

（一）自动线的传送装置

物流自动化中的传送装置有多种传送形式，因而有多种形式的输送机，下面对几种常见的输送机作简单的介绍。

1. 板式输送机

板式输送机是用连接于牵引链上的各种结构和形式的平板或鳞板等承载构件

来承托和输送物料。它的载重量大，输送重量可达数十吨以上，尤其适用于大重量物料的输送。输送距离长，可达 120 m 以上，运行平稳可靠，适用于单件重量较大产品的装配生产线。设备结构牢固可靠，可在较恶劣环境下使用。而且链板上可设置各种附件或工装夹具。输送线路布置灵活，可水平、爬坡、转弯输送，上坡输送时输送倾角可达 45°，其广泛应用于家电装配、汽车制造、工程机械行业。

2. 链板输送机

链板输送机的输送面平坦光滑，摩擦力小，物料在输送线之间的过渡平稳。设备布局灵活，可以在一条输送线上完成水平、倾斜和转弯输送。设备结构简单，维护方便。而且链板可使用不锈钢和工程塑料等材质，规格品种繁多，可根据输送物料和工艺要求选用，能满足各行各业不同的需求。其还可以直接用水冲洗或直接浸泡在水中，设备清洁方便，能满足食品、饮料等行业对卫生的要求。可输送各类玻璃瓶、PET 瓶、易拉罐等物料，也可输送各类箱包。

（二）有轨小车

一般概念的有轨小车（RGV）是指小车在铁轨上行走，由车辆上的马达牵引。

还有一种链索牵引小车，在小车的底盘前后各装一导向销，地面上修好一组固定路线的沟槽，导向销嵌入沟槽内，保证小车沿着沟槽移动。前面的销杆除定向用外还作为链索牵动小车行进的推杆，推杆是活动的，可在套筒中上下滑动。链索每隔一定距离，就有一个推头，小车前面的推杆，可自由地插入或脱开。推头由埋设在沟槽内适当位置的接近开关和限位开关控制，销杆脱开链索的推头，小车停止前进。这种小车只能向一个方向运动，所以适合简单的环形运输方式。

空架导轨和悬挂式机器人，也属于有轨小车，悬挂式的机器人可以由电动机拖动在导轨上行走，像厂房中的吊车一样工作，工件以及安装工件的托盘可以由机器人的支持架托起，并可上下移动和旋转。由于机器人可自由地在 X 轴、Y

轴两个方向移动，并可将吊在机器人下臂上面的支持架上下移动和旋转，所以它可以将工件连同托盘转移到轨道允许到达任意地方的托盘架上。

有轨小车的优点：有轨小车的加速过程和移动速度比较快，适合搬运重型零件；因轨道固定行走平稳，停车时定位较准确；控制系统相对无轨小车来说要简单许多，因而制造成本较低，便于推广应用。控制技术相对成熟，可靠性比无轨小车好。但缺点是一旦将轨道铺设好，就不便改动，而且转弯的角度不能太小，导轨一般采用直线布置。

（三）自动导向车

自动导向小车（AGV）系统是目前自动化物流系统中具有较大优势和潜力的搬运设备，是高技术密集型产品。它主要由运输小车、地板设备及系统控制器等组成。

自动导向车与有轨穿梭小车的根本区别在于有轨穿梭小车是将轨道直接铺在地面上或架设在空中，自动导向车主要是指将导向轨道——一般为通有交变电流的电缆埋设在地面之下，由自动导向车自动识别轨道的位置，并按照中央计算机的指令在相应的轨道上运行，它是一种无轨小车。自动导向车可以自动识别轨道分岔，因此自动导向车比有轨穿梭小车柔性更好。自动导向车在自动化制造中得到了广泛的应用，其主要特点体现在以下几个方面。

1.较高的柔性

只要改变一下导向程序就可以很容易地改变、修正和扩充自动导向车的移动路线。而对于输送机和有轨小车，却必须改变固定的传送带或有轨小车的轨道，相比之下，改造的工作量则要大得多。

2.实时监视和控制

由于控制计算机能实时地对自动导向车进行监视，所以可以很方便地重新安排小车路线。此外，还可以及时向计算机报告装载工件时所产生的失败、零件错放等事故。如果采用的是无线电控制，则可以实现自动导向车和计算机之间的双向通信，不管小车在何处或处于何种状态，计算机都可以用调整频率法通过它的发送器向任一特定的小车发出命令，且只有相应的那一台小车才能读到这个命令，并根据命令完成由某一地点到另一地点的移动、停止、装料、卸料、再充电等一系列的动作。小车也能向计算机发回信号，报告小车状态、小车故障、蓄电池状态等。

3.安全可靠

自动导向车能以低速运行，一般每分钟在 10 ~ 70 m。而且自动导向车由微处理器控制，能同本区的控制器通信，可以防止相互之间的碰撞。有的自动导向车上面还安装了定位精度传感器或定中心装置，可保证定位精度达到 30 mm，精确定位的自动导向车其定位精度可以达到 3 mm，从而避免了在装卸站或运输过程中小车与小车之间发生碰撞以及工件卡死的现象。自动导向车也可安装报警信号灯、扬声器、紧停按钮、防火安全联锁装置，以保证运输的安全。

4.维护方便

不仅小车蓄电池充电方便，对电动机车上控制器通信装置安全报警（如报警、扬声器、保险杠传感器等）进行常规检测，也很方便。大多数自动导向车都安装了蓄电池状况自动报告设施，它与中央计算机联机，当蓄电池的储备能量降到需要充电的规定值时，自动导向车便自动去充电站，一般一次充电可工作 8小时。

四、CAD/CAPP/CAM—体化技术

（一）CAD 技术

CAD 是计算机辅助设计的英文缩写，是近 30 年发展起来的融合计算机学科与工程学科的综合性学科。它的定义也是不断发展的，可以从两个角度给予定义。

1.CAD 是一个过程

工程技术人员则以计算机为工具，运用各自的专业知识，完成产品设计的

创造、分析和修改，以达到预期的目标。

2.CAD 是一项产品建模技术

CAD 技术把产品的物理模型转化为数据模型，并将之存储在计算机内供后续的计算机辅助技术共享，驱动产品生命周期的全过程。

CAD 的功能一般可归纳为四类：几何建模、工程分析、动态模拟、自动绘图。一个完整的 CAD 系统，由科学计算、图形系统和工程数据库等组成。

（二）CAPP 技术

CAPP 是计算机辅助工艺设计的简称，是一项利用计算机技术，在工艺人员较少的情况下，完成过去完全由人工进行的工艺规程设计工作的技术，它可以将企业产品设计数据转换为产品制造数据。20 世纪 60 年代末诞生以来，其研究开发工作一直在国内外蓬勃发展，受到越来越多的人的重视。

当前，科学技术飞速发展，产品更新换代频繁，多品种、小批量的生产模式已占主导地位，传统的工艺设计方法已不能适应机械制造业的发展需要。其主要表现在于：采用人工设计方式，设计任务烦琐、重复工作量大、工作效率低。设计周期长，难以满足产品开发周期越来越短的需求。受工艺人员的经验和技术水平限制，工艺设计质量难以保证。设计手段落后，难以实现工艺设计的继承性、规范性、标准化和最优化。而 CAPP 可以显著缩短工艺设计周期，保证工艺设计质量，提高产品的市场竞争能力。其主要优点在于：能使工艺设计人员摆脱大量、烦琐的重复劳动，将主要精力转向新产品、新工艺、新装备和新技术的研究与开发。CAPP 可以提高产品工艺的继承性，最大限度地利用现有资源，降低生产成本。CAPP 可以使没有丰富经验的工艺师设计出高质量的工艺规程，以缓解当前机械制造业工艺设计任务繁重，但缺少有经验工艺设计人员的矛盾。其随着计算机技术的发展，CAPP 受到了工艺设计领域的高度重视。CAPP 不但有助于推动企业开展的工艺设计标准化和最优化工作，而且是企业逐步推行 CIMS 应用工程的重要基础之一。

CAPP 系统按其工作原理可以分为五大类：交互式 CAPP 系统、派生式 CAPP

系统、创成式 CAPP 系统、综合式 CAPP 系统和 CAPP 专家系统。

1. 交互式 CAPP 系统

采用人机对话的方式基于标准工步、典型工序进行工艺设计，工艺规程的设计质量对人的依赖性很大。

2. 变异型 CAPP 系统

变异型 CAPP 系统，亦称派生式 CAPP 系统。它是利用成组技术将工艺设计对象按其相似性（例如零件按其几何形状及工艺过程相似性；部件按其结构功能和装配工艺相似性等）分类成组（族），为每一组（族）对象设计典型工艺，并建立典型工艺库。当为具体对象设计工艺时，CAPP 系统按零件（部件或产品）信息和分类编码检索相应的典型工艺，并根据具体对象的结构和工艺要求，修改典型工艺，直至满足实际生产需要。

3. 创成式 CAPP 系统

根据工艺决策逻辑与算法进行工艺过程设计，其是从无到有自动生成具体对象的工艺规程。创成式 CAPP 系统工艺决策时不需人工干预，由计算机程序自动完成，因此易于保证工艺规程的一致性。但是，由于工艺决策随制造环境的变化而变化，对于结构复杂、多样的零件，实现创成式 CAPP 系统非常困难。

4. 综合式 CAPP 系统

是将派生式、创成式和交互式 CAPP 的优点集为一体的系统。目前，国内很多 CAPP 系统采用这类模式。

5.CAPP 专家系统

一种基于人工智能技术的 CAPP 系统，也称智能型 CAPP 系统。CAPP 专家系统和创成式 CAPP 系统都以自动方式生成工艺规程，其中创成式 CAPP 系统是以逻辑算法加决策表为特征的，而 CAPP 专家系统则以知识库加推理机为特征。

（三）CAM 技术

CAM 是计算机辅助制造的简称。是一项利用计算机帮助人们完成有关产品制造工作的技术。CAM 的概念有广义和狭义之分。

CAM 的狭义概念指从产品设计到加工制造过程中的一切生产准备活动。包括 CAPP、NC 编程、工时定额的计算、生产计划的制订、资源需求计划的制订等。CAM 的狭义概念甚至可以缩小为 NC 编程的同义词。CAM 的广义概念不仅包括上述 CAM 狭义定义的所有内容，还包括制造活动中与物流有关的所有活动，即加工、装配、检验、存储、输送的监视、控制和管理。

按计算机与制造系统是否与硬件接口联系，CAM 可分为直接应用和间接应用两大类。

1.CAM 的直接应用

计算机通过接口直接与制造系统连接，用以监视、控制、协调制造过程。主要包括以下几个方面。

①物流运行控制。根据生产作业计划的生产进度信息控制物料的流动。

②生产控制。随时收集和记录物流过程的数据，当发现工况（如完工的数量、时间等）偏离作业计划时，予以协调与控制。

③质量控制。通过现场检测随时记录质量数据，当发现偏离或即将偏离预定质量指标时，向工序作业发出命令，并予以校正。

2.CAM 的间接应用

计算机不直接与制造系统连接，离线工作，可支持车间的制造活动，提供制造过程和生产作业所需的数据和信息，使生产资源的管理更有效。

主要包括计算机辅助工艺规程设计、计算机辅助 NC 程序编制、计算机辅助工装设计、计算机辅助作业计划。

（四）CAD/CAM 技术

CAD/CAM 系统由硬件系统和软件系统两部分组成。其中软件系统主要包括以下几个方面。

①系统软件。用于计算机系统的管理、控制、调度、监视和服务等，是应用软件的开发环境，有操作系统、程序设计语言处理系统、服务性程序等。系统软件的目的就是与计算机硬件直接联系，为用户提供方便，扩充用户计算机功能，

合理调度计算机硬件资源、提高计算机的使用效率。

②管理软件。负责组织和管理 CAD/CAM 系统中生成的各类数据，通常采用数据库管理系统，是 CAD/CAM 软件系统的核心。

③支撑软件。它是 CAD/CAM 的基础软件，包括工程绘图、三维实体造型、曲面造型、有限元分析、数控编程、系统运行学与动力学模拟分析等方面的软件，它是以系统软件为基础，用于开发 CAD/CAM 应用软件所必需的通用软件。目前市场上出售的大部分是支撑软件。

④应用软件。它是用户为解决某种应用问题而编制的程序，为各个领域专用。一般由用户或用户与研究机构在系统软件与支撑软件的基础上联合开发。

第五章

电气自动化控制技术探索

第一节　电气自动化基本理论

本节以建筑领域为例，介绍电气自动化系统的组成、工作原理及常见设备等。

一、系统组成与工作原理

建筑设备自动化系统针对每个被控参数都设有传感器、执行器和现场控制器。该系统在运行时，首先通过传感器对被控参数进行测量，得出的电信号送入控制器和设定值比较，控制器根据两者的差值、被控参数的特性，按一定的调节规律发出调节命令，调节命令传送给执行器，再由执行器对被控参数进行控制和调整，使被控参数满足要求。

（一）建筑设备电气自动化系统组成

随着社会的发展，人类逐渐突破了自然的限制，建筑物的层数不断地增加。对建筑物内部各项设施的要求也更高。目前在高层建筑中，电气体系主要包括受电设备、馈电设备、照明设备、动力设备、消防设备、电梯设备、空调设备、给排水设备、通风设备等。

高层建筑的电气控制系统是相当复杂的，它能使各个系统安全、智能、有序、节能地运行。优秀的设计与智能化的监控、管理，能使人类的生活环境发生巨大的改变，同时会对人类的生活方式产生重大的影响。

我国住房和城乡建设部颁布了《建筑设计防火规范》，对什么是高层建筑给出了明确的标准：居民住宅楼房高于 27m 的，或者公共建筑物高于 24m 的。未来高层楼宇建筑将成为主要建筑类型。高层楼宇在为人们带来方便的同时，也对各种电气设备系统的运行提出了较高的要求。高层楼宇内各种电气设备的顺利运行，需要一个强大的控制系统作为协调机制中枢。

随着科学技术的发展，在高层建筑物内实现对复杂电气设备的控制已越来越简单，特别是在建筑物内电气节能方面技术已十分成熟。进入 21 世纪以后，能源缺乏问题越来越突出，而城市高层楼宇的能源消耗却非常大，因此要从多个方面进行建筑电气节能控制。

高层楼宇能源消耗，主要是各类电机设备运行过程中产生的。因此，高层楼宇的建筑电气节能要根据不同电机设备的运行情况进行调整。自动化控制技术既要满足建筑物日常需求，也要符合节能要求。如今，对电气设备节能的研究主要集中在对设备数据的处理以及对设备的控制上。

电能是办公综合体消耗的主要能源，常用的高层楼宇建筑物电气控制系统主要通过对全楼宇的照明、低压配电系统、空调、办公设备等的监控，达到节能效果。

目前的建筑设备自动化系统一般使用两级网、四级控制装置的集散控制结构，系统由中央监控计算机、主控制器、现场控制器和通信网络组成，现场控制器负责对各建筑设备进行监控，中央监控计算机则通过网络与现场控制器交换信息。

1. 两级网

两级网由一级网络与二级网络组成。一级网就是一般的局域网，通常采用 10Mbit/s、100Mbit/sEthenet 网或 2.5Mbit/sARCnet 网。二级网一般采用标准总线方式。二级网是一种工业控制总线，通信速率是 19.2kbit/s 或 9.6kbit/s。

2. 四级控制装置

第一级控制装置为中央监控计算机，它和各种设备如控制终端、大型显示屏、文件服务器、打印机等连接在一级网上，构成计算机系统。

在一级网与二级网之间有若干个主控制器，负责协调第一级控制装置与第三级现场控制器之间的动作，实现一级网与二级网的通信，主控制器存储各现场控制器的数据，并发出报警等信息。

现场控制器连接在二级网上，这是一种现场控制设备，其中有 CPU 卡、通信卡、开关量 I/O 卡和模拟量 I/O 卡。可以对现场信号进行采集、处理、控制、输出执行，并通过主控制器与上位管理计算机交换信息。现场控制器有通用的，也有专用的，如空调控制器、照明控制器等，可以根据不同的被控对象灵活选择。

第四级控制装置为安装在建筑设备基础上的传感器与执行器，它们通过 I/O 口与现场控制器连接。

上述结构形式使用灵活，有的系统直接将中央监控计算机和现场控制器连接到控制总线上，中间没有主控制器，现场控制器之间通信可以实现点到点，从而保证了现场控制器的独立工作能力。

（二）建筑设备电气自动化系统功能

建筑设备电气自动化系统具有以下功能：

1. 自动控制、监视、显示各种机电设备的启动与停止

如在制冷监控系统中，可以控制、监视冷却泵、冷冻泵的运行状态，并在中央监控计算机上显示。

2. 自动检测、显示各种设备的运行参数及其变化趋势和历史数据

如在供配电监控系统中，可以监视、存储系统的供电电压、电流、功率因素等参数，当参数超出设定值时，还可以自动进行越线报警。

3. 检测并及时处理各种意外、突发事件

如在空气处理系统中，如果检测风机因故障无法运行，则可以采取措施，将

系统中的风阀、电动调节阀等关闭。

4. 根据外界条件变化自动调节各种设备使运行始终保持最佳状态

如在制冷监控系统中，可以根据冷负荷的情况，自动调节制冷机组的运行数量，自动优化到既节约能源又感觉舒适的最佳状态。

5. 实现对大楼内各种机电设备的统一管理、协调控制

如火灾发生时，不仅消防系统立即自动启动、投入运行，而且整个建筑内有关系统都将自动转化方式，协同工作，配电系统自动停止使用，出入口控制系统自动发出信号，打开大门，供人们紧急疏散，整个建筑设备自动化系统将自动实现一体化的协调运转，使火灾损失降到最小。

6. 能源与设备管理

如系统可以对水、电、燃气等进行计量与收费，实现能源管理自动化。系统也可以建立设备档案，收集设备运行数据，形成设备运行报表，根据报表提示设备的维护与管理。

（三）高层建筑电气系统节能控制管理目标体系

1. 建筑电气设备研究的重点

对系统运行的复杂性、执行任务的准确性和节能的经济性等进行综合考虑，要将先进的控制装置部署在建筑物的电气设备上，对大型空调、照明、电梯等电能主要消耗设备进行综合控制，既达到减少电能损失的目的，又实现对设备的自动化管理。为了提高整个建筑物的节能效率，需要通过智能优化方法合理配置电能的控制，并选择合适的电机设备，从系统运行状态入手不断调整设备的电能利用率。一方面要达到设备设计功耗下的使用效果；另一方面要针对电气设备中各机电系统的相互配合效率，充分调动整个建筑物的综合运行配合功能，实现建筑物电气控制的智能化，在保证系统工作稳定、准确的同时，提高系统的运行效率。

2. 对建筑物电气进行节能控制的目的

目的：采用创新的设计理念，对建筑物内的全部电气设备的综合管理和控

制；实现基于节能目标的设备运行效率优化方法，对各种耗电设备的高效节能控制。

①空调系统节能。不管建筑物是作何种用途，空调系统都是建筑物的主要耗电设备，所占的比例在40%～60%，空调系统的运行几乎是全天候的，以保证高层楼宇内部的舒适性。

②照明系统节能。通常在建筑节能控制中对在照明系统的研究较多，这主要与照明系统的灵活控制性有关，同时，城市峰谷电价的差异性、环境变化对照明的影响等问题，都为照明节能带来了新的课题。例如，根据用户动态需求自动调节照明功率等。对大型建筑物节能也提供了更具有灵活性和多样性的解决方案。

③电梯、供水和排水系统。电梯、供水和排水系统的运行都需要电机提供动力支持。所以电梯、给排水系统的能耗都是来自电动机工作时的电能损失，控制模式单一且容易实现，使电动机维持在平衡的输入和输出状态即可。只有找出使系统达到最优的运行条件的参数，才能降低能耗，实现节能。

3. 建筑电气节能控制的长期目标

电气节能控制是长期的，涉及整个高层建筑。而且电气节能控制在不同的建筑中都有体现。同时也会涉及不同的参与者，比如说设计者、建设者、房主、物业管理等。

①经济目标。和普通建筑相比，高层建筑的建筑成本较高。为了体现出高层建筑物功能的全面性，就要设置相应的设备，设备多了，能耗自然就大。能耗的增加不但使开发商投资增加，还使购买者望而却步。特别是在能源极度短缺的今天，极大地限制了高层建筑的发展。所以，只有当高层建筑真正实现了电气设备的节能，使运行成本维持在较低的水平，才能充分发挥高层建筑物的功能，真正地提高人们的生活舒适性和工作效率。同时也能为国家节约能源。

②技术目标。高层建筑电气节能技术涉及很多的专业，比如计算机专业、数学专业、材料专业、化工专业、建筑专业等。对高层建筑电气设备节能技术的研究，不但能够推动本行业的发展，对其他行业也能产生很强的带动作用，总之，是有利于社会的进步和发展的。

二、系统中常见的设备与器件

（一）现场控制器

现场控制器安装在各种建筑设备附近，向上通过总线与监控中心相连，向下与建筑设备内安装的传感器、执行器连接，通过内部预先设置的程序和设定的参数，对各种建筑设备进行控制。它既能接受中央监控计算机的控制与管理，又能在中央监控计算机故障时独立运行。

目前的现场控制器主要是直接数字控制器，缩写为 DDC。"直接"意味着该控制器安装在现场，直接和传感器、执行器连接；"数字"是指该设备利用数字电路实现控制功能；"控制器"指其内部设有程序，能自动控制被控参数使之符合要求。根据信号形式的不同，DDC 的输入和输出方式分为四种。

1. 模拟量输入（Analoginput）

模拟量输入的物理量有温度、湿度、压力、流量等，这些物理量由相应的传感器测量后经变送器转变为电信号送入 DDC，此电信号可以是 4～20mA 的电流信号，也可以是 10V 的电压信号。模拟电信号送入 DDC 的 AI 接口后，要经过 A/D 转换将其变为数字量，再由 DDC 内的处理器进行分析处理。

2. 开关量输入（Digitalinput）

开关量输入也称数字量输入，如水流开关、防冻开关、压差开关等传感器，其输出的是开关量信号，这些信号可直接接到 DDC 的 DI 通道上。DDC 内的处理器能够直接判断 DI 通道上的开、关状态，先将其转换为数字量 1 或 0，再进行逻辑分析和计算。

3. 模拟量输出（Analogoutput）

DDC 的模拟量输出信号一般是 0~10V 的电压，这个信号可以控制风阀、水阀等的执行器的动作，而这些执行器一般是由一台三相或单相电动机通过机械减速机构与转轴或阀芯连接，控制电机的正转、反转或停止，就可以使阀门开大、关小或不动。

4. 开关量输出（Digitaloutput）

开关量输出又称数字量输出，它可由控制软件将输出通道变成触点的断开或闭合信号，此信号可连接入风机、泵等设备的电气控制箱，来驱动设备的启动。

（二）传感器

1. 温度传感器

温度传感器在传感器家族中是一个大分支，种类多、应用广。根据工作原理，温度传感器有金属热电阻、半导体热电阻、热电偶、压力式等多种类型。按照使用安装要求，温度传感器分为室内温度传感器、室外温度传感器、风管型温度传感器和水管型温度传感器四类。

2. 湿度传感器

湿度传感器用于测量环境空气的相对湿度。建筑设备自动化系统中较常用的是电容湿度传感器。它的基本结构是在电容两极板间中央有一层湿感聚合物薄膜，当周围空气的相对温度发生变化时，薄膜吸湿和放湿变化，使电容量发生变化。电容湿度传感器测量精度高，响应快，稳定性好，抗污染能力强。

3. 压力传感器

楼宇自控系统中的压力检测主要针对风道和水管中某点的风压和水压，以及风机、过滤器等设备两端的压力差，有时也用于水箱液位的测量。常用测压元件的工作原理是将压力或压差转换成弹性敏感元件的位移，再将位移转换为电信号输出。差压开关是一种简单的压力传感器，用于监测空调机内的风机和过滤器的运行状况，其输出信号是开关量。

4. 流量传感器

在空调的冷、热源设备，即冷水机组和换热机组或锅炉供热控制系统中，需要对水流量进行检测以实现机组群控。检测流量的传感器有节流式、容积式、速度式、电磁式等多种。节流式流量传感器是通过测量安装在管道内节流装置的前后压差来间接测量流量。容积式流量计是通过计量单位时间内流体的流动体积来测量流量。速度式流量计是通过测量流体的动压力来测量流量。电磁式流量计是通过将流体流动速度转换为电磁输出信号的计量来测量流量。

5. 变送器

变送器是传感器和控制器之间的接口器件。由于传感器测量的电信号一般比较弱，且信号的类型也不一定被控制器接受，需要通过变送器将信号转换成标准信号。为了使用方便，也有将传感器和变送器甚至数字显示器制成一体的各种用途的传感器。

（三）执行器

执行器是控制系统中的末端主控元件，控制器通过改变执行器的输出量控制被控制对象。建筑设备自动化系统中常用的执行器有电磁阀、电动调节阀和电动风阀等。

1. 电磁阀

电磁阀是电动执行器之一，其结构简单，用于两位控制中，是利用线圈通电后，产生电磁吸力提升活动铁芯，带动阀运动，控制气体或液体流量通断。电磁阀有直动式和先导式两种，常用的先导式结构由导阀和主阀组成，通过导阀的先导作用促使主阀开闭。线圈通电后，电磁力吸引铁芯上升，导阀被打开，使排出孔开启，由于排出孔远大于平衡孔，导致主阀上腔中压力降低，但主阀下方压力仍与进口侧压力相等，主阀因差压作用而上升，阀呈开启状态。断电后，活动铁芯下落，将排除口封闭，主阀上腔因从平衡孔冲入介质压力上升，当此压力上升至约等于进口侧压力时，阀因本身重力及复位弹簧作用力，呈关闭状态。

2. 电动调节阀

电动调节阀以电动机为动力元件，将控制器输出信号转换为阀门的开度，它是一种连续动作的执行器。

直线移动的电动调节阀的工作原理，是阀杆的上端与执行机构连接，当阀带动阀芯在阀体内上下移动时，改变了阀芯与阀座之间的流通面积，即改变了阀的阻力系数，流过阀的流量也就相应地改变，从而达到了调节流量的目的。

3.电动风阀及执行器

在建筑设备自动化系统的通风系统中，用得最多的执行器是风阀，风阀用来精确控制风的流量。

风阀由若干叶片组成，当叶片转动时会改变风道的等效截面积，即改变了风阀的阻力系数，其流过的风量也就相应地改变，从而达到了调节风量的目的。叶片的形状决定了风阀的流量特性，同调节阀一样，风阀也有多种流量特性供选择，风阀的驱动器可以是电动的，也可以是气动的，在建筑设备自动化系统中一般采用电动式风阀。电动风阀执行器安装在风阀的驱动轴上。

第二节　电气自动化的发展

一、电气自动化的沿革

电气系统自动化技术的发展路径是元件—局部—子系统（岛）—管理系统。理论发展可以分为三个阶段：20世纪60年代以前处在经典理论阶段；20世纪七八十年代引入了控制论，形成了以计算机为基础的现代理论；20世纪90年代以后引入经济理论，进入电力市场理论阶段。20世纪70年代中期，系统工程理论将现代理论的技术成果有机地组织在一起便形成了电网能量管理系统（Energy Management System，EMS），并随电力工业的改革而发展。

电气系统自动化技术进步主要表现在：20世纪40年代将数据展现在模拟盘上，增强了调度员对实际系统运行变化的感知能力；20世纪50年代自动发电控制（AGC）将调度员从频繁的操作中解脱出来；电网调度自动化系统概念的提出是在20世纪50年代中期，这标志着现代电网自动化的开始。以前只有远动装置及机电式的调频装置，不成为系统。20世纪60年代初，有些电力公司利用数字计算机实现电力系统经济调度，开始了计算机在调度中的应用。美国东北部大停电发生后，多数电力公司意识到依靠远动装置在模拟盘上显示信息的方式已远不能满足复杂电网安全运行的要求，对计算机系统的应用从以考虑经济为主转变为以考虑安全为主，出现了所谓电网数据采集与监控（Supervisory Control And Data Acquisition，SCADA）系统。这是电网调度自动化形成系统的一个台阶，具有代表性的系统是美国 BPA 的迪特茂调度中心。这一阶段延续至 20 世纪 70 年代。

电网自动调频和有功功率经济分配的装置和自动调节系统不再独立存在，而是以电力系统自动发电控制及经济调度（AGC/EDC）软件包的形式和数据采集与监控（SCADA）系统结合，成为 SCADA/AGC-EDC 系统，这是数据采集与监控（SCADA）系统出现后的电网调度自动化系统中第一次功能综合。

电力公司在 20 世纪 60 年代末提出了用 SCADA 系统采集的实时信息对电力系统的扰动（开关操作、事故跳闸）进行在线快速分析计算，用以解决电网运行方式的在线研究和对事故跳闸后果的预测。从 20 世纪 70 年代初开始，为了解决由于电网不可观察［SCADA 采集的数据存在误差、通道可能中断、远端测控单元装置 RTU（Remote Terminal Unit）可能停运等］带来的潮流计算不收敛，发展了各种基础算法，开发了网络拓扑、外部网络等值、超短期母线负荷预计、状态估计等一系列软件，建立可计算的所谓可观察区，将 SCADA 采集到的有误差的"生数据"转变成潮流计算收敛的"熟数据"，建立了熟数据库；在这一基础上开发了调度员在线潮流、不断仿真和校正控制等所谓电网高级应用软件 PAS（Power Application Software）。在 PAS 投运后，电网运行方式的改变以及当前运行方式下遇到大扰动时的后果就可以通过 PAS 自动预计出来。网络熟数据库的建立，为各种电力系统的优化软件，如线损修正、无功优化、最优潮流等的开发提供了条件。自从 PAS 综合到电网调度自动化系统，形成了 SCADA/AGC-EDC/PAS 系统，电网调度自动化系统就从 SCADA 系统升级为能量管理系统（EMS）。除了 PAS 从算法到软件本身的研究，还有运行能量管理系统必需的支持软件的研究和开发。在 SCADA 系统中，不存在多种应用的数据库相互调用和统一维护问题，调度员的操作只是调用画面，并不需要对数据库进行删除、插入、修改等操作，因此，在单一的 SCADA 系统中，数据库的建立和管理都采用文件方式，由程序员来修改。在能量管理系统中，由于多种应用的出现，调度员需要在屏幕上设定各种故障方式，开发支持软件系统的要求就提出来了。由于商用关系，数据库管理系统（如 Oracle 等）都无法满足实时要求，于是各大系统公司花了大量人力和时间来开发支持软件系统。

在 PAS 工程化后，在线调度员培训仿真器（DTS）得到了发展，并综合到 EMS 中，根据 Diliaco 的统计，各国投运的 EMS 中有 40% 包含了 DTS，有的公司建立了大型培训中心，如法国的 EDF，采用了离线的培训仿真。

随着计算机技术、控制技术、通信技术和电力电子技术的发展，"电力系统自动化"无论其内涵或外延都发生了巨大的变化。如今电力系统已经成为一个 CCCPE 的统一体，即计算机（Computer）、控制（Control）、通信（Communication）和电力电子（Powerelectronics）的产生、输送、分配装置以及电力电子装置。

根据等强度的概念，自动化设备所占的投资比例虽然不大，但其重要性与主设备相同。而且先进的自动装置不仅可以改善一次主设备的运行状况，提高其运行效率，甚至可以推迟或避免新建一些主设备，节省数额可观的设备投资。

电力系统产生的电能必须与消费的电能实时平衡，这只能靠自动调节和控制装置来维持。这种平衡不仅要在正常的稳态运行时，在各种扰动状态下也能快速地实现这一要求。为了满足这种调节与控制要求，电力系统自动装置被分为正常运行自动装置、异常状态下的安全稳定控制装置及保护装置。

电力系统自动化包括电网调度、厂站自动化和配电自动化三部分，作为电力系统的重要单元，电厂和变电站的综合自动化是电力系统自动化的关键项目。

火电厂的监视和控制系统经过了模拟控制、功能设备分散方式的第 1 代数字控制、分层分散方式的第 2 代数字控制 3 个阶段，其特征是各机组所用的计算机系统彼此孤立，目前正在向第 3 代数字控制发展，采用开放式工业自动化系统，构成火电厂综合自动化系统。该系统一般分 2 级：机组级采用开放式分散控制系统（Distributed Control System，DCS）和顺序控制器，在线监控单元机组、输变电和辅助车间的生产运行；全厂级由管理信息系统（Management Information System，MIS）及厂站机构成，通过网络取得第一线的在线实时监控信息，并向第一线发布各种命令。

在第 3 代控制系统中，全厂级可以向电力调度所提供全厂在线实时信息并接受命令，经全厂经济负荷分配计算后下达命令至机组级，控制机组启停、出力和机组输出功率。该系统将采用的技术有：

①开放式工业计算机系统。

②现场总线与智能变送器及伺服机。

③屏幕监视器。

④先进控制技术。

通信标准化 MAP/TOP 已获成功。DCS 系统和 PLC 融合，DCS 系统向小型化、分散化、多功能封闭型模块化方向发展，PLC 向网络化方向发展。远程智能 I/O 网络是一种新型的工业计算机过程接口装置，是插板智能 I/O 技术与通信网络技术结合的产物。它由前端机、通信网络和适配器组成。现场总线国际标准还处于开发阶段，不同厂家的产品需要一个网关（Gateway）接口才能接入分散控制系统，目前开发现场总线机构主要有 ISP 和 WorldFIP（FactoryInformationProtocol）两大机构。ISP 成员有西门子、罗斯蒙特、横河、ABB、福克斯波罗、费雪等 25 个公司：而 WorldFIP 成员有霍尼威尔、贝利等 150 个公司，两大机构开发各自的现场总线标准，将传感器、微处理机、A/D 转换器集成以构成智能变送器，具有信号处理能力、故障诊断能力、自补偿能力和数字通信能力。

随着我国电力体制改革的深化，厂网分家、竞价上网迫切要求发电厂实现发电控制的自动化。信息技术的飞速发展为电力装备的智能化和网络化提供了成熟的技术。而我国火电厂电气系统的设备现状不容乐观，采用常规保护控制装备的老机组，故障率高、维护工作量大、自动化水平低，特别是厂用电系统间隔对象多，分散性强，环境恶劣，由于没有统一的时钟，在同一故障点会多次出现事故，但无法准确定位，使厂用电系统成为发电控制自动化的死角，这种模式已经不能适应电力市场对运行管理和故障分析的需要，设备的更新需求已经十分迫切。

目前许多老电厂正在分步进行二次保护控制设备的微机化改造，改造和新建机组全部采用 DCS 系统。电气系统虽然全部实现微机化，并且满足联网实现智能化管理的需要。但电气系统的保护测控信息通过硬接线方式接入 DCS。这种模式对于模拟量处理都是采用变送器变换进入 DCS 中，早期的电气系统信息接入 DCS 系统的方式是：交流量电流（0~5A）、电压（100V）经过变送器变换为 4 ~ 20mA 直流信号，失去了矢量特征。导致交流量失去原有的交流特征，无法进行其矢量特征的监视，无法实现高级分析功能（矢量分析在电力系统分析中是最基本最直观的一种分析方法。矢量分析对线路某一瞬间电压电流基波进行分析，绘制电流、电压向量图，通过矢量图可以观察三相电压、电流并得到直观的结果。在短路瞬间电压、电流的值会发生巨大变化，观察可得到直观的结果，判断故障相别。通过矢量分析，进一步检测电压和电流的相位关系，可得出此时的功率因数，大致判断此时的故障情况）。要实现多电气量的微机监视，需配置大量的变送器，敷设大量的电缆，造成资源的重复配置。硬接线的接口方式只能使少量信息接入 DCS，从而无法实现对设备的全面监视，同时使各个微机保护成为信息孤岛，具体的保护信息、保护定值、故障录波信息的管理只能在装置上实现，而厂用电系统的保护装置分散在开关柜上，运行管理很不方便，也大大降低了火电厂电气系统的自动化水平。

二、电气自动化的发展

电气自动化技术服务于工厂的日常生产活动是当前工业企业提高生产效率，保障生产运行安全，取得良好经济效益的最有效手段。因此，电气自动控制技术是目前工厂中广泛应用的技术，国家也培养了大量的优秀人才，为制造业发展补充力量。在制造业领域，工厂中设备的电气自控装置经历了从无到有、从简单到复杂的发展，从没有任何电气自动控制，从靠人力手动控制机械设备，到目前电气自动控制机械设备与生产过程，即在没有人为参与生产过程或仅有少数生产过程与程序步骤有人参与的条件下，被控对象或者生产过程按照人为设定的程序步骤有规律地进行工作，在劳动者的劳动强度不断降低，工作环境不断改善的同时，工厂生产效率大大提高。当今时代，自动化水平已经成为衡量工厂现代化的标准之一，应在电气自控领域不断创新，提高我国制造业水平。

现阶段，虽然电气自控技术在制造业工厂中已得到广泛应用，并取得了一定成就，但也出现了一些问题，例如，工厂中实际运行数据采集点位稀少，更新不及时，运行数据不能形成数据库以供查阅，数据传输容易受到干扰，依靠电气自控技术的安全装置失效造成生产安全隐患等。如不能有效解决问题，将会影响工厂的生产经营，甚至造成安全生产事故。

随着计算机技术的进步，工业生产的工艺流程控制要求不断复杂化，计算机控制系统对于提高产品质量，降低成本具有重要作用，已经成为工业生产中的重要组成部分。目前，计算机网络技术与现场总线控制技术是电气自动化领域的主导技术与研究前沿。工业生产工艺流程的逐渐复杂化与计算机网络技术的发展也使得 DCS 不断迭代，成为融直接数字控制与监督控制以及生产管理于一体的控制系统。目前的 DCS 系统已经可以利用计算机网络技术对生产流程进行管理、监控、操作和分散控制，具有非常高的稳定性，计算机集中管理、分散控制克服了单微机控制高度集中的危险性和常规仪表控制功能单一性的缺点。DCS 系统由分散过程控制级、监控级、生产管理级组成，如分散过程控制级是基础，在生产过程中，工作站分别完成数据采集与分布控制的功能，克服了集中控制级系统中控制级失效影响全部生产过程的缺点；监控级的目的是对生产工艺流程进行数据监视和执行操作，其能全面反映各工作站情况，提供数据以供工作人员直接干预系统运行；管理级则是整个系统的中枢，它根据监控级提供的信息及生产任务要求，编制全面反映系统工作情况的报表，审核控制方案，选择数学模型，制定最优控制策略，并对下一级下达命令。

虽然 DCS 系统在工厂自动化控制上优点很多，但传统的 DCS 控制仍然存在一些问题。例如，人机界面的软硬件的专用性与不开放性，各家 DCS 厂商所开发的控制软件彼此无法互相操作，也不能与第三方通信。为了解决这一问题，目前国内外研究的方向是采取替代操作站或系统移植。Emerson 公司开发了 DCS 驱动软件以及 OPC 服务器。美国的 ICON 公司开发的 OPC 服务器 Genesis 也很成功。DCS 系统未来的发展趋势为以太网全面进入工业控制领域，不仅管理层，底层也可使用以太网，人机界面和控制器通过以太网连接，人机界面用 OPC 服务器，可与第三方设备连接。

人工智能技术通过学习算法能够模拟人类思维，应用到电气自动控制方面，可以起到非常好的作用。例如，在卷烟厂中，烟丝传送带中间设置的杂物识别装置就是利用了人工智能中图像识别的技术。在卷烟生产工艺中，烟丝传送过程中若出现杂物，通过人工智能技术的图像识别技术，可以实现声光报警，提醒工作人员剔除。另外，人工智能技术在工厂中故障诊断也具有高效性，相较于其他自控手段，具有明显优势。工厂中电气自控设备发生故障在所难免，智能化技术通过其强大的分析诊断功能，并借助计算机系统对系统故障进行精准的预测和分析，以有效地提升电气自动化控制系统的故障预警和故障排除能力。学者井萌和古东明对传统电气自控手段与智能化电气自控手段在故障诊断与处理的收敛性上做过理性预测与统计分析。人工智能技术应用于电气自控领域必将在未来给工厂电气自动化控制技术带来革命性变化，使工业生产进入新的时代。现代化的工厂将从现在有人值守、有人监控、有人操作、有人维修到生产过程自动化、设备维修自动化、设备保养自动化，实现无人化工厂，大大解放劳动力，提高劳动效率，人们从生产活动中解放出来，可以参与到其他社会活动中。

第三节　电气自动化控制技术分析

一、电气自动化控制技术的特点

电气自动化控制技术指利用各种技术手段实现设备或系统的自动运行、减少人力干预、提高工作效率和精确度。电气自控技术的数据采集机构为各种传感器，如流量传感器、液位传感器、温度传感器、压力传感器，将生产中的各种模拟信号转化为电信号输入自控系统中。其进行数据处理和程序执行的机构为逻辑电路或可编程逻辑控制器，对采集到的信息进行计算、控制和信息处理。电气自动化控制技术的主要执行机构是电动机、电磁阀、行程开关等。通过不同功能的执行机构，完成各种电气控制，实现工厂生产自动化。无论是电气系统还是电动机动力传输和电子技术自动化技术，均是推动现代化、技术化、自动化工厂可持续发展的重要力量。

电气自动化控制技术水平代表着工业发展的现代化水平。

（一）电气自动化控制技术应用的简易化发展趋向

工厂的电气自动化技术由不同界面的系统操控，目前实现了人工向人机协同操作的转变，很大程度上简化了烦琐的电气自动化控制系统程序，减少了系统日后的检修流程，减少了系统控制所需人力。

（二）电气自动化控制技术应用向分布式方向发展

电气自动化控制技术应用设备主要有变频器、马达启动器、串行电缆、PLC、远程 I/O 站及计算机系统等，将上述设备的运行信息加以整合，统一存储在工厂中央控制中心，采用放射式分布方式对设备进行控制，提高了设备现场控制效率。

（三）电气自动化控制技术应用向信息化方向发展

电气自动化控制技术在工厂的应用分为横向及竖向两方面，横向方面覆盖了全厂的自动化控制系统，从根本上提升了自动化系统的组态质量，竖向方面深入挖掘工厂各部门的数据，为有效保存各方数据信息做好了准备。

（四）电气自动化控制技术的连续性特点

由于企业生产是流水线式的连续活动，因此其自控部分就有连续性的特点。企业生产的工艺流程连续不断，其控制步骤就连续不断，确保生产工艺流程按步骤进行。

（五）电气自控方法多样性与控制灵活性

企业生产中某一控制功能，可通过多种电气自控方法实现。可以购买不同的自控设备，采用不同的编程方法实现其控制功能，工作人员的操作可通过触摸屏、工控机或按钮开关进行，具有非常高的灵活性。

（六）自动化控制的实时性特点

现代企业大多数控制器为可编程逻辑控制器，其对于程序执行为循环扫描方式，程序运行一周期需要为几十毫秒到几百毫秒。其对于输入变量的采集为实时采集，输入到输出程序执行时间在毫秒级别，为实时输出，因此，电气自动化控制具有实时性的特点。

（七）电气自控系统的复杂性特点

由于现代企业工厂生产工艺流程的不断细化，控制要求不断增加，控制变量不断增加，为实现控制要求，自控技术也不断迭代，复杂性的特性越发明显。

二、工厂中电气自控技术的主要功能

电气自动化控制技术在工厂中的应用的目的是，促进工厂的可持续发展和为顺利生产提供保障。下面结合实例对工厂中电气自控技术的主要功能进行总结与说明。

（一）保护功能

保护功能分为两方面，一是保护工作人员人身安全；二是保护设备不受损害。在工厂中，有很多应用电气自控技术的保护装置，包括重在保护人身安全的防护装置，保护设备防止损坏的安全装置，还有重在防止指标失效影响正常生产的安全装置。安全防护装置又分为安全装置和防护装置。二者的区别是：安全装置是设备通过自身的电气自控装置防止设备的某些危害安全的动作，如自动跳车、断电保护等，以防止危险的发生或扩大；而防护装置是用设置障碍物的方式防止人或人体部分进入机器运转区，也称隔离装置。例如，对可能造成人员伤害的设备（开放式的旋转风机，旋转切刀等）外壳增加保护罩，并对开启保护罩动作自动检测，增加连锁停机的设置，对人员起到保护作用。电气自动控制的安全装置可以消除或减小风险，保护人身安全，防止设备受损。生产设备在运行当中难免遇到各种故障，如机械故障、电气故障等。当故障发生时，工作人员应当立即处理，通过执行各种措施如紧急停车或切换设备等，一方面保证设备安全，不损坏设备造成经济损失；另一方面，保证生产的顺利进行。但如果人员巡视不到位或处理不及时，就会造成设备损坏甚至安全生产事故。这时，电气自控技术就应发挥其保护功能。通过传感器传输的数据判断设备正常与否。若发生故障，应当发出声光报警提醒工作人员或者自动紧急停车。

众所周知，锅炉是重要的生产设备，许多生产企业的正常生产都离不开锅炉。而锅炉运行中水位的高低对锅炉的安全运行极为重要。锅炉水位设定的限值一般为：低水位报警限值为 30%，高水位限值为 85%。水位监测与高低水位报警装置是锅炉极为重要的安全装置，对锅炉具有保护作用。此安全装置由液位传感器、LBC 控制系统和声光报警装置组成。

锅炉运行中液位监测与锅炉水位是否到达高低水位限值都由此传感器进行，其输出 4 ~ 20mA 的电流信号，此信号会传输到锅炉电气控制 LBC 系统中。锅炉水位报警灯位于炉体上方，其为一组电子式 3 色显示灯，让操作者在远处即可看到锅炉内的液位高度：上方红色—高液位、中间绿色—正常液位、下方红色—低液位。锅炉若出现极低水位运行是十分危险的，容易发生"干锅炸裂"，威胁人身安全并损害设备。因此，除正常水位监测与高低水位报警的安全保护装置外，锅炉设备还设置有极低水位连锁停炉装置。

水位电极平行安装在锅筒一侧斜上方，并相隔一定距离。这两个带绝缘自检的水位电极对锅炉水位进行实时监测。由于其十分重要，需其性能稳定，所以每年对锅炉进行二级维护时，对水位电极要进行拆卸清洗，重新安装并测试，检验是否完好。通过安装在锅筒上的 2 个带绝缘自检的水位电极对锅炉水位进行实时监测，并将监测信号反馈至电子开关放大器，电子开关放大器定时对水位电极进行检测，同时将水位监测信号反馈至 LBC 控制系统，如果有一路监测不到水位信号或出现故障，则触发连锁停炉，并声光报警。极低水位停炉触发液位一般在 10% 左右。

电气线路与设备实行自动化控制时，针对不同的故障，设置了不同的报警信息，采取不同的处理措施。例如，灯光报警，蜂鸣报警，灯光蜂鸣同时报警，跳车等，应构建一套完善的故障处理体系，使工厂中电气自控装置对设备起到应有的保护作用。

（二）监控功能

工厂员工要确保生产设备的安全平稳运行，但有些故障无法仅凭肉眼与不断巡视发现。通过电气信息化技术监控生产设备的高效便捷运行，降低劳动成本，提高可靠性。监控功能主要通过电气自动控制技术实现，需要一整套设备构建监控系统。首先要用各类传感器采集生产过程及工艺流程中的数据。各类传感器是工厂中电气自控技术监控功能得以实现的关键，能否根据现场环境及工艺要求选择合适的传感器决定了数据采集的可信度与准确性。因此，有必要对工厂中常见的传感器加以区分。

工厂中最常见到的传感器为液位传感器。液位传感器探测被测液体，将探测液位转换成 4 ~ 20mA 电信号，传输给控制系统。实现液位监控的关键是选择可靠合适的液位传感器。液位传感器主要分为两类：接触式和非接触式。接触式液位传感器主要包括单法兰静压 / 双法兰差压液位变送器、浮球式液位变送器、磁性液位变送器、投入式液位变送器、电动内浮球液位变送器、电动浮筒液位变送器、电容式液位变送器、磁致伸缩液位变送器、伺服液位变送器等。非接触式液位传感器主要包括超声波液位变送器、雷达液位变送器等。选择哪种形式的液位传感器，还得看被测介质的性质，根据被测介质选择合适的液位传感器。例如，污水处理、清水池一般采用超声波液位变送器。由于水池容积较大，且一般位于地下，超声波在探测和检修方面最为适合；热水容器一般采用压差液位变送器、磁性液位变送器等。由于热水容器一般采用密封设计，且容易闪蒸蒸汽，可能会对超声波探测产生干扰。集水坑一般采用超声波液位变送器，集水坑不需要精密的液位控制。

下面以离心式空气压缩机（以下简称"离心空压机"）振动与润滑油油温与

油压的监控为例，简要分析电气自控系统的监控功能。离心空压机是很多工厂的必备设备。

离心空压机工作的原理可简要理解为空气压缩机将空气吸入，由高速旋转的叶轮将其压缩后通过冷干机降温干燥，去除水分，再通过管道送入生产车间使用。因而，叶轮振动和润滑油是离心空压机安全稳定运行的核心指标。需要安装电气自控装置来监控空压机叶轮振动和润滑油油压油温。离心空压机振动监控装置由非接触式振动探头、振动传感器和 Xe-145F 控制系统组成。每一级压缩都配有一个非接触式振动探头和振动传感器。

非接触式振动探头安装在各级压缩的缸体上，并通过振动导线与安装在主机控制柜内的振动传感器相连。探头接触内部叶轮总成的轴承，叶轮转动时的振动情况通过轴承反馈给振动探头，再由振动传感器将振动信号转化为电信号，传输给 Xe-145F 控制系统，由控制系统与振动设定进行比较，以判断机组振动情况。

压缩机的润滑系统是完全独立的，安装在机组的底架上，以保证为机组的齿轮和轴承提供清洁的润滑油。润滑油系统配置了油路监控装置，以监测压缩机安全稳定工作。润滑油系统的油路监控装置由油温传感器、油压传感器和 Xe-145F 控制系统组成。为保证压缩机正常运行，油温和油压必须保持在合理范围内。油温的运行范围是：35~45℃；油压为 138~207kPa。正常情况下，通过油温传感器监测润滑油温度，油温低于 35℃，控制系统将锁定无法启动设备；在运行过程中，如果油温出现异常，低于 35℃或者高于 49℃，控制系统将报警提示；当油温低于 30℃或者高于 52℃，则控制系统将强制停机。同样，正常情况下，通过油压传感器监测润滑油供油压力，油压低于 124kPa，控制系统将报警提示；当油压低于 110kPa，则控制系统将强制停机。

通过对空压机叶轮振动与油温油压的监控，工厂中应用电气自控装置实现监控功能。在工厂实际运行中，若想全面了解与掌握工厂中设备的实际运行状况，就要合理选用测量仪表和测量位置，并将测量数据通过触摸屏或上位机显示出来，测量仪表的精度越高，测量位置越密集，则实际的监控效果越好。但在实际的生产过程中，由于成本空间等问题，无法做到密集精确监控，此时，就需要技术人员选择合适的传感器以及进行合理的传感器布控。

（三）自动控制功能

自动控制是指对设备运行进行自动管理和自动判断，生产过程中，自动化控制系统会按照人们设定好的程序，触发继电器动作或作用于声光信号或进行计数、计时，启动水泵、风机运转等。电气自动化控制技术在工厂中的应用，可以实现控制工厂大多数设备，保证所有受控制的设备在任何情况下，都能够受到中央控制中心的高效控制和自动化管理，从而推动工厂生产设备实现真正的自动化安全运行。

下面以除氧加药系统的电气自动控制为例，说明电气自控技术中的自动控制功能。除氧加药系统是在锅炉补水进入除氧罐高温除氧时，自动添加磷酸三钠的锅炉运行辅助系统。

软化水与加药罐中的磷酸三钠在除氧罐中混合，通过加药泵打入除氧罐，处理后的软化水最终进入锅炉。在除氧加药系统应用电气自控技术前，需要人工按照要求每班加入一定量的磷酸三钠，并加入软化水形成磷酸三钠溶液，由加药泵按照恒定流速加入除氧罐中，最终随着锅炉补水加入锅炉中。

加药泵运行与锅炉运行联动，锅炉运行时，加药泵加药，锅炉停止时，加药泵停止加药。在此系统运行中，从锅炉水取样口取样，进行为期两周的磷酸根离子浓度检测，磷酸根离子浓度波动较大。其原因为原有加药系统根据锅炉启停进行加药，而不是以锅炉蒸发量为依据加药，导致在蒸发量较少时，磷酸根离子浓度升高；蒸发量较大时，磷酸根离子浓度降低。

解决这一问题，需要根据锅炉给水量，对加药量进行控制。而影响加药量的因素主要有三个：速度、浓度和时间。可以使两个变量不变，通过控制第三个变量来控制加药量。最终选择使速度、浓度不变，控制时间变化。根据现场情况，使用西门子 PLC-300 系列控制器，并使用西门子 SIMATIC 软件按照控制逻辑进行程序编写。在编程完毕后使用仿真器模拟运行，保证设计功能的实现；然后铺设锅炉 PLC 与现场加药控制箱之间的通信线路，并安装中转继电器，保证通信正常，控制信号能够正常执行。电气自控系统搭建完成后，投入使用，并观察控制效果。如某日 10 点整，PLC 采集锅炉用水量数据，与 9 点整采集的锅炉用水量进行比较运算，通过计算得出此一小时用水量为 5 吨，根据用水量 5 吨计算得出加药时间为 15 分钟，然后 10 点 05 分启动加药泵开始加药，加药至 10 点 20 分，停止加药泵，加药结束，循环完成。利用电气自控技术使锅炉加药量与给水量挂钩，并通过程序控制实现了自动加药，有效地降低了锅炉中磷酸根离子浓度波动，实现了自动控制的功能。

三、电气自动化控制技术存在问题

（一）工厂中电气自动化控制技术应用存在的问题

电气自动化控制技术已在工厂中得到了广泛应用，且在应用过程中基本发挥了保护、监控和自动控制功能。但是，随着工厂生产工序的日益细化，设备的更新换代，电气自动化控制技术目前还无法完全满足工厂的设备运行需求，在应用过程中存在如下问题：

1. 电气自动化控制系统存在的问题

在现阶段，各个工厂由于生产类型的不同，经济实力的不同，对于电气自动控制重视程度的不同，电气自控水平也是参差不齐。同时，由于各个工厂采用不同自控设备制造厂家生产的产品，其控制方法、编程语言、通信协议也各不相同，很难做到统一。因而，工厂技术人员很难掌握所有生产厂家的自控设备系统搭建技术。若同一厂家购买不同自控设备不能兼容。有时会对工厂的生产运行产生直接影响，引起工厂安全事故或者运行故障。除此之外，接触器、开关按钮、断路器等零件设备的供应商水准参差不齐，电气元件产品的质量存在明显差距，且频繁更换开关按钮等元件不仅浪费时间，还会使工厂电气设备运行的风险增加。另外，电气自动控制中运行参数设置不合理，对生产也会造成影响或者浪费能源。

有些工厂需要对生产区域的温湿度进行控制，这就需要工艺空调。在工艺空调的电气自控系统中，技术人员要对温湿度指标进行参数设定以及根据车间温湿度对执行机构（加热电磁阀、加湿电磁阀、冷却水电磁阀）进行阀门开度的控制。通过详细分析空调运行情况及控制流程，工厂空调系统适宜采用管理与控制相结合的 DCS 系统，集中管理、分散控制，利用分布在车间各处的智能温湿度传感器，监控车间内部的温湿度信息，由线性控制器处理后，设置各控制操作阀门的参数，电气自控系统运用 PID 控制策略调整运行参数控制空调机组动作，使车间内的温湿度处于设定的范围内。

该控制思路便于集中管理和维护，但是这种基于指标规格线的 PID 控制方法，只有温湿度偏离指标界限时，才进行调节控制，导致响应滞后惯性大，时间较长，实际运行过程中车间温湿度指标波动较大。若提高响应速度，则实际控制波动过大，控制精度降低，难以达到理想的自动调控效果。

另外，由于季节对生产环境有较大影响，空调运行周期为夏季、过渡季节和冬季，每个阶段室外温湿度都不同，空调控制过程中，如果不充分考虑季节影响，将造成能源浪费，并且达不到控制目标。

再有，极端天气如下雨、下雪、极端干燥、极度炎热、极度寒冷情况下，如果生产区域因进出物料而打开生产区域卷帘门会对温湿度指标有较大影响，而电气自控系统在进行自动调控时，并没有将这些因素考虑进去。

因此，工艺空调在生产运行期间，需要专人负责调节空调新风阀、混风阀、蒸汽、加热阀、表冷阀、加湿阀，并判断制冷机开启台数，与其他生产车间沟通进出物料时间，这不仅增加了人力物力投入，而且电气自控系统也未能充分发挥作用。

为了解决这一自控系统中的问题，首先应分析夏季、过渡季节和冬季空调运行控制流程，充分考虑室外温湿度影响，优化控制流程。

在冬季，主要使用新风阀、蒸汽加热阀维持车间温湿度指标，运行过程中如果生产车间温度有下降的趋势，就增大蒸汽加热阀门开度，用来升温，蒸汽加热阀门开度的变化可能导致湿度提升，而且室外空气低温低湿，此时可通过增大新风阀开度，降低供风湿度。

过渡季节中维持生产车间温湿度主要依靠新风阀、蒸汽加湿阀、气水加湿阀。若运行人员发现生产车间温度有上升趋势，就会增大新风阀开度，用来降温，新风的引入可能会使湿度降低，需要加大蒸汽加湿投入比例。这时，如果由于室外环境或者设备能力，生产车间温度仍然偏高或者湿度不上去，就需要增开气水加湿阀进行调节。

在夏季，各生产区域普遍高温、高湿，这样就使空调回风具有高温、高湿特征，需要运行制冷机组为空调制冷提供冷水，高温、高湿的空调回风与通过盘管中的冷水进行热交换达到降温、降湿的效果，通过冷负荷与5%新风温度混合影响计算出制冷量，调整表冷阀门的开度改变盘管中冷水流量，即可改变送风温度，同时计算出除湿量的影响，再根据回风除湿负荷和5%新风湿度汇总计算加湿量，确定气水加湿阀门开度，必要时计算蒸汽加热阀门开度。

在不同季节空调控制参数不同，应充分利用室外温湿度环境，平衡室内温湿度，同时使控制参数更加精准，系统功能设计主要包括不同季节的响应，制冷设备开启条件，控制策略切换以及超限状态指导。

在过渡季节未运行制冷机时，应保证掺配区域湿度稳定达标。由于制冷机未运行，为保证区域温度，需要引入室外新风降温。但由于室外空气干燥，引入新风会使湿度降低，产生区域加湿需求。但因生产工艺的需要，掺配区需要经常开门进料，受室外环境影响，掺配区空调加湿能力难以满足过渡季节工艺环境湿度要求。因此，此时所做的优化工作主要是提升掺配区空调加湿能力。

卷烟企业中，工艺空调使用的加湿器安装工艺可以分为蒸汽加湿器、气水混合加湿器、高压微雾加湿器、超声波加湿器、湿膜加湿器，其中蒸汽加湿为等温加湿，利用饱和蒸汽进行加湿，理论上不会提高现场温度，起到加湿效果，气水混合加湿、高压微雾加湿、超声波加湿和湿膜加湿技术属于等焓加湿，利用液态水气化进行加湿降温。

2. 电气自动化监控系统存在的问题

目前，大多数工厂电气监控系统仍然无法覆盖全部生产运行设备，无法满足工厂电气自动装置自动化监控需求，更不能以故障报告的形式为工厂电气设备的全方位监控提供依据。工厂工作人员得不到电气设备故障报告，不清楚电气设备运行时存在的问题，为工厂电气自动装置等出现运行故障埋下了安全隐患，如不及时处理故障，必然会导致不同程度的生产事故，使人身、财产遭受重大损失。再者，工厂目前所用的电气自控装置质量普遍较低，装置运行时反应不够灵活，故障报警滞后、有误差，造成工厂设备保护装置出现短路烧坏、元件损坏等。在缺失明确的自动化监控技术的情况下，电气装置技术人员无法及时准确判断出电气自动化监控系统中保护装置、电气自动装置存在的问题。

另外，监控系统中所使用的传感器安装位置是否反映真实客观生产运行指标，数据是否真实有效，是否存在问题，都需要技术人员在生产运行过程中不断观察。例如，卷烟厂中工艺空调的部分温湿度传感器就存在安装位置不合理的问题。安装在热源正上方，不能真实体现区域的实际温湿度。技术人员对生产区域的温湿度传感器进行现场调查，对于安装位置不合理的传感器可进行标记和调整。

（二）工厂中电气自动化控制技术应用前景

目前，电气自动化控制系统还需要规范化、便捷化和健康化，这就需要构建科学合理的网络体系架构，辅助电气设备的安全健康运行，弥补当前电气自动化控制技术的应用缺陷。对此，要加强工厂计算机网络系统的管理力度，实现工厂管理体系与计算机监控体系的交互与融合，应用目前国际上最先进的电气自动化控制技术、传感器技术以及先进的变频器电动阀等执行机构，使工厂生产智能化、环保化，具有高度的可靠性，维修保养经济，为准确传递工厂设备运行信息及生产运行数据提供条件。不仅如此，工厂等工业企业还应按照行业规章制度，建立统一标准的程序结构，并对构建的程序结构持续改革和完善，充分利用计算机技术和自动化系统实现与 ERP、MES 等系统的对接，以及各系统之间信息传输，以较低成本和较便捷途径有效解决工厂面临的系统信息传递难、系统程序结构不一致等问题，还需要借助主体通信网络主线构建的网络体系架构，以其较强的信息传输功能，对工厂运行中的所有电气设备实施现场监控，帮助现场设备监控人员减少工作压力，提高运行电气设备的监督管理效率。

　　目前，电气自动化设备市场上存在各种产品，因厂商不同相互间不能通用，这就对生产企业在购买设备，选择电气自控系统、引进人才方面造成很大不便。工厂电气自动化普及很大程度上依赖统一的平台，开放的开发环境与国际统一的标准，以及便捷的应用系统平台在工厂中应用能够降低工厂运行费用，在购买备件、引进人才方面，也大大降低成本与中间费用。目前自动化设备市场上可编程逻辑控制器厂商众多，如西门子、三菱、ABB 等，其编程语言开发环境，上位机监控组态软件也不相同，设备安装形式各异，各高校毕业生所学习的工控技术主要应用于一家设备厂商的产品。因此，能否立足于工厂的实际运行情况，开发同一应用的系统平台，决定着工厂电气自动化应用能否产生更好的效果。

第六章

电气自动化控制系统的设计及分析

第一节　电气自动化控制系统简析

一、电气自动化控制系统概述

电气自动化控制系统是一种无人操控的新型的自动化系统，它可以使用保护、控制、监测等形式的仪器设备对电气设备进行全面的控制。这一系统由制动系统、保护系统、自动与手动寻路系统、信号系统、供电系统等系统组成。其中，制动系统能在系统报错时，紧急停止当前操作，最大限度地降低损失；保护系统一般由稳压器、熔断器等具有保护作用的设备组成，其可以在电路出现问题时及时稳定电路或切断电路，达到保护大部分线路与设备的目的；自动与手动寻路系统能通过组合开关完成手动与自动的自由切换；信号系统作为电气自动化控制技术系统的核心，能够起到采集信号、集中分析处理信号的作用，并发出相应的指令；供电系统则为机械设备的正常运转提供动力。

我国电气自动化控制系统历经几十年的发展，已从集中式控制系统转变为分布式控制系统。分布式控制系统相比集中式控制系统具有可靠、实时、可扩充的特点，并且分布式控制系统融入了更多的新技术，其功能更为完备。

电气自动化控制系统的功能主要有控制和操作发电机组，实现对电源系统的监控，对高压变压器、高低压厂用电源、励磁系统等进行操控。大部分电气自动化控制系统采用程序控制以及采集系统。总的来说，电气自动化控制系统对信息采集的快速性、准确性提出了要求，同时对设备的自动保护装置的可靠性以及抗干扰性也提出了要求，其具有优化供电设计、提高设备运行与利用率、促进电力资源合理利用的优点。

二、电气自动化控制系统的分类

（一）按系统结构分类

电气自动化控制系统从系统结构的角度可以分为复合控制系统、开环控制系统和闭环控制系统。

（二）按系统任务分类

电气自动化控制系统从系统任务的角度可以分为程序控制系统、调节系统和随动系统。

（三）按系统模型分类

电气自动化控制系统从系统模型的角度可以分为时变控制系统和非时变控制系统，还可以分为线性控制系统和非线性控制系统。

（四）系统信号

电气自动化控制系统从系统信号的角度可以分为连续系统和离散系统。这里的信号是指以时间为模拟量的信号。若是以时间为模拟量的连续信号就是连续系统；若是以时间为模拟量的离散量信号就是离散系统。

三、电气自动化控制系统的工作原则

电气自动化控制系统不是连接单一设备的系统，而是一种连接多个设备、并对整个生产过程进行统一调控的系统。电气自动化控制系统需要具备可以控制生产活动的设备和一些控制管理的程序，以便对设备在运行中获取的数据进行分析和反馈，使用户可以及时了解设备的运行情况。在此过程中，电气自动化控制系统应遵循以下两个原则。

（一）拥有一定的抗干扰能力

因为电气自动化控制系统是连接多个设备的系统，其在运行中各设备间难免会存在不同程度的干扰情况，为了避免设备间的干扰造成的影响，电气自动化控制系统就需要具备一定的抗干扰能力。

（二）坚持输入输出分配均匀的原则

工作人员应根据工作特点与设备型号，合理地设置输入和输出参数，根据输入的数据推算出输出数据，通过系统进行仪器自检以提高工作效率，并对错误程序进行修复，以此实现规定时间内的固定输入输出量。

四、电气自动化控制系统的检修方式

目前，大部分行业已经开始应用电气自动化控制系统。当前的电气自动化系统主要用 Windows NT 和 IE 作为编程语言，形成了标准化的平台，并应用了 PLC 管理系统，简化了操作，提高了系统的使用效率。PLC 系统和电气自动化控制系统结合，大大提高了电气自动化控制系统的智能水平，其操作界面也更加人性化。若是系统出现问题，则可在操作过程中及时发现。此外，PLC 系统和电气自动化控制系统的结合还新增了自动回复功能，从而大大减轻了系统的检修和维护工作，提高了电气自动化设施的使用率，合理地避免了因电气设备出现故障对生产造成的影响。

即便如此，现阶段电气自动化控制系统的检修仍然存在许多问题，如检修人员采取的检修策略是提前检修尚未进行到下一个维护周期便停止运行的电气设备，即临时检修。在传统的维护计划中，对正常运作的电气设施进行维护会浪费一部分人力、物力，导致电气设备的使用率下降。实际上，电气设备受到设定的维护方案的限制，当其出现问题时仍需要继续运转。对此，国内外的优秀的电气设备检修策略是在设施设备状态良好的情况下开展检修与维护。

为了使系统得到稳定、可靠的供电，电气自动化控制系统的重要电气设备应该由绝缘子、电机、避雷针、变压器、电力电容器和输电线路构成。当电气设备产生故障造成停产时，会给经济带来损失。笔者统计与研究国内外众多的资料后发现，电气设备绝缘性能的劣化是其产生故障的重要因素。导致电气设备绝缘性能劣化的因子有四种，即机械因子、热因子、环境因子和电因子。为了能够对电气自动化控制系统中的故障进行判断与处理，检修人员必须掌握一定的设备检修方式，并积极主动地检测电气设备。

检修人员为了及时快速地解决电气设备发生的故障，需要掌握设备发生故障的规律和原因，并对电气自动化控制系统的故障进行分类。对此，检修人员可以从科学合理的预防电气设备故障方法、分级维修管理电气设备、分阶段维修管理电气设备的角度出发，判断和处理电气设备的故障。

不同的电气自动化控制系统的使用寿命、设计理念、结构构造等也不同。为了确保电气设备的正常运作，必须保证外界的环境具备一定的特殊工艺条件，使不同的设备可以承受不同的机械强度。与此同时，检修人员为了对不同的电气设备进行故障预防，需要完成分级维修管理电气设备的工作。一方面，检修人员需要掌握电气设备的使用状况，完成分级维修管理电气设备的工作；另一方面，检修人员必须确保电气设备运转条件，如湿度、温度等，从而有效地延长电气设备的使用寿命。此外，由于检修人员的专业水平存在差异，企业管理者应该让专业性较强的检修人员负责主要的、维修难度较高的电气设备，让专业性较差的检修人员负责一些基础性的维修工作，从而实现设备的分级维修管理，实现人力资源的合理配置，以达到预防不同电气设施故障的目的。

因为不同时期电气自动化控制系统发生故障的频率不同，所以检修人员需要对不同时期的维修管理工作进行妥善的安排。第一，检修人员应该在电气设备运行初期或运行之前，了解电气设备的运作规律与特征，完成检测电气设备电路性能的工作，从而准确地掌握电气设备的故障频率。与此同时，检修人员可以指导其他操作人员更好地操作电气设备，以降低故障率。第二，在电气设备稳定运作后，检修人员应该长期监测电气设备的运作情况，既需要完成分析电气设备抗电磁干扰、散热等方面的工作，还需要了解操作人员是否能正确操控设备，避免发生故障。

预防电气自动化控制系统产生故障的同时，检修人员应该确保预防方式的有效性、合理性和科学性。一方面，检修人员在检测电气设备的散热性能、电路性能的过程中，应该运用先进的检测手段和仪器设备；另一方面，检修人员应针对电气设备的使用期，制定不同的检修策略，并依据实际情况灵活地调整。此外，应该明确不同检修人员的权责，培养检修人员的责任心，使其主动担负起预防电气设备发生故障的职责。检修人员还应该运用科学的检修手段，积极、有效地识别安全隐患，提升自身的检修技巧，提高电气设备检修的效率。

现阶段普遍应用在电气自动化控制系统检修方式包括现场检修电气设备、在实验室检修电气设备等，这些方式有效地提升了维修电气设备的效率。在电气设备运转的情况下，通过实验室检修电气设备可以检测电气设备的失效数据、运转实效数据等信息。与其他方式相比，在实验室检修电气设备准确地掌握电气设备的运转状况，从而找到电气设备中存在的隐患。但是，这一方式也存在许多问题，如干扰因素较多、成本费用较高等，中小型企业无法使用。现场检修电气设备较为常见。现场检修电气设备是指检修人员在电气设备运转的情况下完成设备的维修工作。所采用的检测手段包含脱机测验、在线稳定测验、停机测验等。脱机检测是检测时将电气设备的一部分零部件拆卸下来进行检测；在线稳定检测是在电气设备运转的过程中完成稳定测验；停机检测是在设备停止运转时检验电气设备性能。现场检测电气设备技术与实验室检测电气设备技术相比，实行难度较高，要求检修人员必须具有较高的维修能力。

综上所述，不同的维修方式既有优点也有缺点，检修人员应该依据实际情况选用合适的检修方式。

第二节　电气自动化控制系统的特点及应用价值

电气自动化控制系统的广泛应用，给人们的生产和生活带来了极大的便利。与其他控制系统相比，电气自动化控制系统的应用有效地节省了人力成本，提高了工作效率，使人们拥有充足的时间和精力去享受生活。现阶段的电气自动化控制系统结合了计算机网络、智能仿真、电子等多项技术，涵盖面广，适用于多个领域。特别是在建筑领域、电力领域、工业生产领域，其效率与性能得到了充分的发挥。需要注意的是，电气自动化控制系统在不同的国家、地区、行业中所使用的硬件设施、软件技术和设计方案有很大的不同，这也是应用电气自动化控制系统的难点所在。为此，我们有必要分析电气自动化控制系统的特点、功能及应用价值。

一、电气自动化控制系统的特点

有关研究指出，变电站综合电气自动化控制系统除要在每个控制保护单元中保留紧急手动操作和跳合闸的措施，其余的全部报警、测量、监视等功能均可通过计算机监控系统来实现。这样一来，变电站就可以配置其他设备，不需要人工值班，只需要通过计算机监控系统就能够实现遥控、遥测、遥调、遥信等功能。

（一）集中式设计

在传统的电力系统中，各作业环节皆以独立的方式存在并运行，如电力安全维护、电力分配等环节。这种分散的运行方式给电力系统管理人员的工作带来了一定的困难。应用电气自动化控制系统后，将在系统中构建一个集成平台，从而实现对电力系统中各独立分散环节的集中管理，从而提高电力系统的维护和管理效率。此外，电气自动化控制系统以集中式立柜结构与模块化理论为基础，将各控制保护功能全部集中于专用的采集与控制保护柜中，在保护柜中能够进行报警、测量、保护、控制等所有的信号处理工作，再将其处理为数据信号，然后用光纤总线运送到主控室用于监控的计算机系统中。

（二）分布式设计

电气自动化控制系统采用了分布式开放结构，这种设计能够使系统全部的保护功能都分布在开关柜中或尽量靠近保护柜的保护单元，在本地单元中就能够处理报警、测量、保护、控制等所有信号，将其转化为数据信号后，通过光纤总线传输到主控室用于监控的计算机系统中。

（三）简单可靠

电气自动化控制系统用多功能继电器替代了传统的继电器，大大简化了接线。其中，分布式设计大多是在主控室与开关柜间进行接线；集中式设计的接线则仅限于在主控室与开关柜之间，其特点是操作简便。

（四）具有可扩展性

为了应对用户未来用电需求的增加、变电站规模的增大、变电站功能的扩展等问题，电气自动化控制系统的设计必须具有可扩展性。

（五）兼容性较好

电气自动化控制系统由标准化的软件和硬件组成，其还配备标准的就地的 I/O 接口与穿行通信接口，使用户能够按照需求进行变动。此外，为了适应计算机技术的高速发展，电气自动化控制系统中也配置了许多特别简便且易使用的软件。这样一来，电气自动化控制就具备了很强的兼容性。

综上所述，电气自动化控制系统的高速发展与其自身的特征是相适应的。具体而言，每个电气自动化控制系统都有与其相配的控制设备，利用软件程序与每一个应用设备配对，而且不同的设备有不同的地址代码，每个操作指令只能控制配对的那个设备，在发出操作指令时，操作指令会立即反馈到对应的设备上。

这种指令的传递高速且精准，不仅可以保证信息的即时性，还能保证信息的精确性。

电气自动化操作与人工化操作相比，发生错误的概率会大大降低。也就是说，电气自动化控制系统的应用使生产操作可以又快又好地完成。不仅如此，对热机设备而言，电气自动化控制系统的操作频率较低，并且操作快速、高效、准确，这得益于它的控制对象少、信息量小。与此同时，为了使系统更稳定、获取的数据更精确，电气自动化控制系统中配备的电气设备都拥有高效的自动保护装置。这种装置不仅可以降低或消除大部分干扰因素，而且反应快。此外，大多数电气自动化控制系统连接的电气设备都具有连锁保护装置，这些措施保证了该系统在生产过程中对各个环节的有效控制。

作为一种新兴的工艺技术，电气自动化控制系统解决了在恶劣的环境下人力不能完成的工作、无法解决的问题。例如，劳动者不能长时间在温度极高或极低，或者有辐射的环境下工作，而电气自动化控制系统不仅可以完成这些工作，还在很大程度上节省了人力、物力，进一步提高了工作效率，为企业减少了一些不必要的损失。显而易见，电气自动化控制系统的应用给企业带来了很多好处。

二、电气自动化控制系统的功能

电气自动化控制系统所使用的众多技术中，最重要的就是控制技术。为了有效控制变压器、发电机等设备，电气自动化控制系统要具备以下功能：直流系统监视、发电机组控制与操作；自动装置控制高压变压器；低压电源监视和操作；高压电源监测和操作；开关自动手动切换；发电机励磁系统控制方式切换、稳定器投退、增减磁操作、灭磁操作；发电机励磁变压器保护控制；发电机变压器隔离开关和断路器的操作控制。此外，为了保障线路运行的稳定性与安全性，电气自动化控制系统中还应该设计一个回路结构。

（一）自动控制功能

高压和大电流开关设备的体积较大，一般用操作系统来控制分、合闸，特别是当电气设备出现故障时，需要开关自动切断电路，这就需要操作系统具备自动控制供电设备的功能。而电气自动化控制系统可以在出现问题时及时中止操作，避免危险的发生，所以说，电气自动化控制系统所有功能中的重中之重是自动控制功能。

（二）监控功能

电气设备中的电势能具有非常重要的影响，但其影响人类无法通过肉眼感知，如人类无法通过观察发现电气设备是否断电。这时电气自动化控制系统中的监控功能就发挥了作用，它可以通过传感器将设备信息反馈给操作者，使操作人员全面了解设备的使用情况。

（三）保护功能

因为电气设备的材质、使用年限、存放环境不同，在使用中常常会出现意料之外的故障，如电流、电压和功率可能会超出电气设备限定的安全范围。如果使用传统的生产系统，只有在危险发生时，操作人员才能感知。而电气自动化控制系统可以自行收集故障反馈，并根据线路与设备的真实情况，采取适当的保护措施。这正是电气自动化控制系统保护功能的体现。

（四）测量功能

灯光和音响信号只能定性地显示设备的工作状态（有电或断电），如果想定量地知道电气设备的工作情况，还需要有各种仪表测量设备和线路的各种参数，如电压、电流、频率和功率的大小等。电气自动化控制系统就具备测量功能，从而大大节省企业的成本。

综上所述，在电气设备操作与监视过程中，虽然传统的操作组件、控制电器、仪表和信号等电气设备大多可以被电脑控制系统及电子组件所取代，但这些电气设备在小型设备和就地局部控制的电路中仍有一定的应用，这也是电路实现微机自动化控制的基础。现代化的电气自动化控制系统的功能非常多，为社会生产发展带来了极大的便利，不仅提高了产业的生产率，还保障了工作人员的安全。由此可见，普及电气自动化控制系统，对实现我国工业强国发展目标具有积极作用。

三、电气自动化控制系统的应用价值

因为电气自动化控制系统能有效地控制设备，并实现无人化管理，既降低了风险，又提高了工作效率，所以电气自动化控制系统的应用越来越广。在这种情况下，加强对电气自动化控制系统应用价值的研究就变得十分迫切。

（一）自动控制应用价值

电气自动化控制系统最重要的应用价值就是自动控制，这一应用价值使其广泛地应用于人们生产和生活的各个领域。例如，在工业生产中，操作人员仅仅输入预期的控制参数，电气自动化控制系统就可以指定机械设备自行工作，极大地减轻了操作人员的工作量，提高了生产质量和效率。电气自动化控制系统在完成指定任务后，还有自行切断电力供给的功能，有效地解决了人工操作可能会受到主客观因素影响而不能及时控制生产的问题。此外，操作人员还能在电气自动化控制系统中输入参数，设置期望的运行时间，既节约了操作人员的时间，又保障了劳动生产效率。

（二）监控应用价值

电气自动化控制系统具备监控应用价值。电气自动化控制系统与计算机技术相结合后，操作人员可以直观地了解当前设备运行的功率、电流、电压情况，并设置这些参数的安全范围。一旦实测值超过设定范围，电气自动化控制系统就会立即拉响监控警报，操作人员可以通过互联网远程操作解除故障，避免事故的发生。

（三）保护应用价值

在传统的工业生产中，无论是人还是仪器，都容易受到外界因素的影响。例如，供电线路老化、设备失灵、生产环境达不到要求等，会造成延误生产甚至损坏仪器、损害操作人员健康。此外，传统的人工检修也不能全面、细致地检查电气设备，致使其安全隐患问题层出不穷。而电气自动化控制系统完美地解决了上述问题。当线路出现问题或设备发生故障时，电气自动化控制系统可以自行选择针对性的保护测试，及时中止当前操作，并提示故障位置。总的来说，电气自动化控制系统的保护作用在避免事故发生的同时，最大限度地减少了经济损失，保证了操作人员的生命安全。

（四）测量应用价值

在传统工业生产中，有些测量工作是由操作人员凭借感官来完成的，如通过看、听、摸、闻等方式获得工作数据。因为人的身体状况是时刻发生变化的，这种测量方式难免会出现误差，而工业生产计算出现一点失误就可能会造成重大的生产事故。相对地，电气自动化控制系统能够对电流、电压等电气设备进行科学、全面的检测，其获得的数据准确有效，便于及时对各项数据进行记录统计，为操作人员后续的工作计划提供参考，更加符合科技改善生产的理念。

第三节　电气自动化控制系统的设计

一、电气自动化控制系统设计中存在的问题

（一）设备的控制水平比较低

随着社会的发展，电气自动化控制系统应持续更新换代，电气行业的设备同

样需要进行完善和创新,这就需要生产厂商对设备数据进行实时更新。如果设备的控制技术落后,在导入新数据时就会受到阻碍。因此,电气自动化控制系统需要持续更新、加强自身对设备的控制能力。

(二)控制水平与系统设计脱节

电气设备的使用年限和功能与电气设备的控制水平相关。设计电气自动化控制系统的目的在于使之更好地适应电力企业的需要,因此在系统设计的初始阶段,要充分考虑系统的适用性,对零部件和系统软件进行专业化检测,使设计出的电气自动化控制系统能够发挥出更大的作用。但是,现阶段电气自动化控制系统大多为一次性开发,不能满足电气企业的发展需求,导致系统设计与控制水平脱节。对此,电气设备的生产厂商应逐步提高设备的控制能力,使电气设备满足现代化电气自动化控制系统的需要。

(三)自动化设备维护更重要

一个人如果持续高强度工作,其身体机能就会受到影响,如果出现了小问题后不解决,小问题就会积累成大问题,进而影响人的正常活动乃至危及个人生命安全。电气自动化控制系统亦是如此。自从电气自动化控制系统走进工厂,工厂电气设备运行的稳定性、安全性和效率都得到了提高,在降低了操作人员的工作量的同时,还保证了生产效率。即便如此,操作人员使用电气自动化控制系统的过程中,也面临一些问题,具体包括以下三点。

第一,由于自动化设备更新速度较快,在仪器出现问题后,不能及时购买所需的配件,导致电气自动化控制系统不能及时更新。

第二,缺乏精通电气自动化技术的专业型人才,当电气自动化控制系统出现问题时,不能提供有效的解决方案,导致问题不能及时有效的解决。

第三,电气自动化控制系统的理念较为先进,大众接受仍然需要时间。

总而言之,不断完善对电气自动化控制系统的设计,可以使电气自动化系统得到更广泛的应用。

二、电气自动化控制系统的设计理念

（一）电气自动化控制系统设计理念的形成

设计一个完整的电气自动化控制系统需要考虑诸多因素，比如，分布式设计、集中式设计、可靠性、可扩展性、兼容性等。

当前，电气自动化控制系统对电气设备的监控方式主要有三种，即现场总线监控、远程监控与集中监控，这三种方式分别起到了远程监测、集中监测与针对总线监测的作用。

采用现场总线监控方式的电气自动化控制系统结合了以上两种设计方式的优点，并针对其缺点进行了改良，使之成为一种最有保障的设计方式，电气自动化控制系统的设计理念也随之形成。

采用远程监控方式的电气自动化控制系统的弊端在于，较大的通信量会降低各地通信的速度。采用远程监控方式的优点也有很多，如灵活的工作组态、节约费用和材料、可靠性较高等。总体来说，采用远程监控的电气自动化控制系统无法充分体现电气自动化控制系统的特点。

采用集中监控方式的电气自动化控制系统的设计较为简单，对防护设施的要求较低，只用一个触发器进行集中处理即可。用一个触发器虽然方便维护程序，但是增加了处理器的工作量，降低了其处理速度。此外，如果采用集中监控方式对所有电气设备进行监控就会降低主机的效率，投资成本也会因电缆数量的增加而有所增加。此类系统还会受到长电缆的干扰，如果生硬地连接断路器可能无法正确地连接到辅助点，给操作人员的查找带来很大的困难。

（二）电气自动化控制系统设计理念的内容

电气自动化控制系统的设计理念主要包含以下内容。

第一，将集中监控方式应用于电气自动化控制系统，在帮助操作人员完成对整个控制系统信息的搜集与处理的工作时，使电气设备得到较好地管控。

第二，将远程监控方式应用于电气自动化控制系统，可以帮助操作人员异地收集设备的使用信息，了解设备的实时情况，方便其根据工作的内容对设备发出操作指令。

第三，将现场总线监控方式应用于电气自动化控制系统，方便集中控制，进而实现有效的监控。

电气自动化控制系统的应用，无不体现着其核心设计理念，并获得了一定的效果。

三、电气自动化控制系统的设计流程

电气自动化控制系统在机电一体的产品中具有重要的作用，机电一体设备往往通过电气自动控制系统对设备进行控制。在设计电气自动化控制系统时，首先，根据相关规定，确定电气自动化控制系统的设计流程；其次，根据生产内容，确定电气设备自动化控制的工作流程；最后，选择适合的软件和硬件。

四、电气自动化控制系统的设计方法

现阶段主流的电气自动化控制系统设计方法大致有三种，即集中监控、远程监控、现场总线监控。三种方法各有其优缺点，在实际的应用中，企业可以依据自身情况做出选择。

（一）集中监控

采用集中监控方法设计，就需要将系统的多个功能集中到一起处理。集中监控法可以为系统提供便捷的维护方式，对控制站没有太高的防护要求。但采用集中监控方法的电气自动化控制系统中的断路器的连锁和隔离刀闸的操作闭锁采用硬接线，在实际应用中，常常因为隔离刀闸的辅助接点位置不正确，致使设备不能正常操作。另外，采用这一方法设计的电气自动化控制系统处理器的工作量较大，处理速度较慢；系统需要监控全部的电气设备，主机会出现冗余现象，为实现监控目的，电缆数量也会增加，从而增加了成本；长距离的电缆也会使系统受到的干扰因素增加；且二次接线较为烦琐，工作人员查线时十分不便，加大了人员的工作量以及出现错误的可能性。

综上所述，采用集中监控方法设计电气自动化控制系统时，应把握好设计环节的优势，充分体现各部分的功能，满足企业实际的生产要求，确保我国电气行业的可持续发展。

（二）远程监控

远程监控作为最早的自动化系统装置，由电子管、电话继电器等分立元件组成，主要使用模拟电路。电气自动化控制系统采用远程监控法设计，仅仅需要硬件就能够完成，能确保系统在安全的环境下正常运行，对变电站自动化水平的提高具有积极作用。这样设计的电气自动化控制系统具有组态灵活性、高可靠性、节约性等优点，但因为系统中各个装置之间是独立的，所以不具备判断故障的能力，也就是说，如果电气设备在运行过程中出了故障，系统无法报警，严重时可能会损害电网的安全。此外，采用这种方法设计的电气自动化控制系统使用了多种现场总线（CAN 总线、Lonworks 总线等）技术，系统的通信速度不快，而电厂中电气自动化控制系统的通信量较大，所以这一设计方法不适合构建大范围的电气自动化控制系统，仅适用于构建小范围的电气自动化控制系统。

（三）现场总线监控

在科学技术的推动下，智能化电气设备得到了快速发展，计算机技术被广泛应用于变电站的综合电气自动化控制系统，它们共同推动了电气自动化控制系统的稳步发展。如果电气自动化控制系统采用现场总线监控方法，应用以太网、现场总线等新型计算机网络技术，使系统具备较强的针对性，而且不必设置端子柜、I/O 卡件、模拟量变送器等隔离设备，多个电气设备之间通过网络信号进行协调配合，组合形式灵活、多变，系统具备较强的可靠性。因为不同电气设备的工作性质不同，所以采取这一方法设计电气自动化控制系统时，应根据实际的使用情况进行设计，以发挥各设备独特的功能。另外，采用现场总线监控方法设计的电气自动化控制系统中，如果单一装置出现问题，仅仅会影响对应的部件，不会对整个系统造成影响。因而，采用现场总线监控方法设计的电气自动化控制系统将是今后发展的方向。

五、电气自动化控制系统的细节设计

（一）线路

设计电气自动化控制系统时，必须由专业人员设计系统中的线路。电气自动化控制系统的线路十分复杂，而系统的应用效果取决于线路的设计，所以设计人员必须重视起来，这是电气自动化控制系统最核心的设计环节之一。此外，如果线路设计不合理，就会导致电气自动化控制系统中其余组成部分无法有效运作。因此，设计人员务必综合考虑电气自动化控制系统中的不同要素，设计出最科学、最合理、最有效的线路，确保电气自动化控制系统的正常运行。首先，设计人员要全方位掌握信息，并在制定过程中，向系统中录入材料运作状况、工程实况等信息；其次，要根据设计图纸使电气自动化控制系统生成数据信息，确保操作人员可以利用数据信息判定出线路的实际走向，为操作人员对策略计划进行有效的设计、实施与修改提供助力。

（二）继电器

对继电器进行保护，是电气自动化控制系统设计继电器的主要目的。设计人员在设计原理图的过程中，只需要根据需求选取合适的零部件，不需要依据原有的点和线进行描绘。设计人员也可在计算机中绘制出选取的零部件，然后用线将其连接起来。在计算机上完成设计后，可以先模拟运行，并对不恰当的地方进行修改。设计电气自动化控制系统的继电器体系时，要确保系统可以储存不同类型的零部件数据信息，因为计算机运行时，依靠的便是这部分零部件的数据。

此外，为了确保计算机系统的与时俱进，避免系统被淘汰，电气自动化控制系统需要在针对市场数据信息进行更新的同时，更新计算机系统。

（三）计算机辅助软件

在设计电气自动化控制系统时，设计人员可以借助计算机辅助软件。常用的计算机辅助软件有两种：一种是常规使用的软件，另一种是专门的电气设计软件。目前有多款计算机辅助软件可以应用于电气自动化控制系统的设计，如 FFT、TElec、CAD 等。初学者设计电气自动化控制系统时，可以选用 FFT 软件，因为该软件的操作较为简单。TElec 是计算机辅助软件中最典型的一种，常用于设计建筑的电气自动化控制系统，不仅可以对有关避雷针的内容进行核算，还能描绘配电图。CAD 软件是除 TElec 软件之外一种最典型的计算机辅助软件，其具有操作简单、适合新手使用等特点，是制图型的软件。而且，CAD 软件具有显著的开放性，可以实现图像不同格式的快速转换，所以，CAD 软件使用较多。需要注意的是，为了使平面图像转换为立体图像，在运用 CAD 制图软件时，需要在计算机上连接接口。

六、电气自动化控制系统的优化策略

（一）构建统一的应用标准

虽然我国在电气自动化控制领域技术水平得到显著提升，但与国外发达国家相比还存在一定的差距。相关学者开展研究时，应该结合我国电力体系的实际状况，构建应用电气自动化控制系统的标准，提升应用电气自动化控制系统的成效。例如，不同的生产厂家对同一种电气设备采用不同的应用标准，导致电气设备无法兼容，不能接入同一个电气自动化控制系统。对此，相关学者应该加强构建统一的电气自动化控制系统应用标准，并积极推动该标准的普及使用。

此外，如今社会普遍缺乏对共享资源的认知，不同的生产厂家应该加强彼此间的交流与合作，不断满足多元化的市场发展需求。

（二）强化电网自动化技术

在国内，已经普遍采用电网技术，但是，无法有效地应用电网自动化技术。造成这一现象的主要原因在于，没有实现电气自动化控制系统配电技能的自动化。只有实现配电技能的自动化，才能够运用电网自动化技术，电网才能实行智能配备。对此，工作人员可以利用电气自动化控制系统中的计算机软件，分析不同地区的电网数据信息，实时监控电网的计算构造；后期，如果工作人员需要演算电网的数据信息，可以利用体系运转的具体状况，借助电网自动化技术的准确性，来优化电气自动化控制系统。

（三）应用的统一化

工作人员应该对电气自动化控制系统中的不同环节进行统一处理，如统一应用数据计算、控制技术，以提升电气自动化控制系统的稳定性。以往，在电力体系中，不同的部门各司其职，统筹分配、电力体系安全性、维护维修电力体系等都需要人工管理。人工管理受一定条件限制，无法有效地提升管理的效率，导致电气自动化控制系统的管理效率过低，使维修人员无法及时、有效地发现和判定电力体系的故障。而统一应用电气自动化技术后，不仅提升了电气自动化控制系统的管理成效，也集成处理了电气自动化控制系统的具体内容。

（四）加大以太网技术的应用力度

在电气自动化控制系统中应用以太网技术，可以快速分辨和处理系统中的数据信息内容，提升系统的运行效率。电气自动化控制系统运行的过程中会生成大量的数据信息，使用以太网技术可以有效地处理这些信息，满足多元化的系统管理要求。因此，工作人员应加大电气自动化控制系统中以太网技术的应用力度。

第四节　电气自动化控制系统可靠性测试及分析

一、加强电气自动化控制系统可靠性研究的意义

电气自动化技术的水平是一个国家电子行业发展水平的重要标志，也是经济运行必不可少的技术手段。电气自动化控制系统具有提高工作的可靠性和经济

性、保证电能质量、提高劳动生产率、改善劳动条件等作用。随着电气自动化技术水平的提高，电气自动化控制系统的可靠性问题越来越重要。

电气自动化控制系统的可靠性会对企业的生产直接产生影响。因此，专业技术人员必须切实加强对电气自动化控制系统可靠性的研究，结合影响因素，采取针对性的措施。

（一）增加市场份额

经济飞速发展的今天，人们对于电气自动化控制系统的需求大大增加，因此电气自动化控制系统除了要具备较好的性能，还要具有一定的可靠性。企业只有随着电气自动化控制系统的更新换代不断增强自身系统的可靠性，才能抢占市场份额，使自己在激烈的市场竞争中脱颖而出。

（二）提高产品质量

产品质量是产品价值的重要体现，生产厂家可以通过提高电气自动化控制系统的可靠性来保证产品质量。这是因为电气自动化控制系统的可靠性提高，系统发生故障的概率会降低，维修费用得以减少，其生产的产品的质量自然提高。因此，提高电气自动化控制系统的可靠性是每个生产厂家不懈努力的目标。

二、提升电气自动化控制系统可靠性的必要性

为了保证电气自动化控制系统能为生产提供帮助，提高生产效率，在实际工作中，操作人员应充分意识到提升电气自动化控制系统可靠性的必要性。

总的来说，提升电气自动化控制系统可靠性的必要性体现在以下几方面。

首先，电气自动化控制系统可靠性的提升可以保证安全且高效地开展生产。为了满足消费者的需求，现代企业一般都会应用电气自动化控制系统。这是因为电气自动化控制系统不仅能够提高产品的生产效率，还能提升产品的技术含量。

其次，电气自动化控制系统可靠性的提升可以提升产品质量。产品质量是企业的命脉，企业要想在激烈的市场竞争中站稳脚跟，就必须保证产品的质量。而

产品质量的提升是以现代科学技术的发展为基础的，特别是支持电气自动化控制系统的电气设备，只有提升电气自动化控制系统的可靠性，才可以保证提高其产品的质量，最终提升企业的核心竞争力。

最后，电气自动化控制系统可靠性的提升可以降低企业的生产成本。可靠性不高的电气自动化控制系统，势必会造成高额的维修成本影响经济效益。

三、影响电气自动化控制系统可靠性的因素

要想提升电气自动化控制系统的可靠性，就要全方位对电气自动化控制系统进行审视，分析其影响因素，通常，影响电气自动化控制系统可靠性的因素分为内在因素和外在因素。

（一）内在因素

设备元件会对电气自动化控制系统的可靠性产生直接影响。事实上，设备元件的质量是电气自动化控制系统正常运行的根本，如果设备构件没有达到检验部门要求的标准，那么由该构件所组成的电气自动化控制系统也就很难达到合格的要求。因此，相关人员在采购过程中如果只考虑构件的价格而忽略了元件的具体质量，就会在一定程度上对电气自动化控制系统的可靠性造成影响。

设备元件质量是影响电气自动化控制系统可靠性的内在因素。质量不达标的设备元件使电气自动化控制系统不能在恶劣的环境下有效地运行，也不能够抵抗电磁波的干扰。

（二）外在因素

1. 工作环境

电气自动化控制系统的工作环境比较复杂，如电磁干扰、气候条件（包括温度、湿度、大气污染和气压等因素）、机械相互作用力等因素，都会对电气控制设备的性能产生影响，可能会造成电气自动化控制系统温度升高、运作不灵活、结构破坏甚至无法运行。

2.机械条件

影响电气自动化控制系统可靠性的外在因素还包括机械条件。机械条件主要是指控制设备在不同运载工具使用过程中出现的问题，如冲击、振动或离心加速度等。这会导致设备元件出现问题或受到损害，如断裂或变形等，最终影响电气自动化控制系统的可靠性。

3.人为因素

除上述两个因素外，人为因素也是影响电气自动化控制系统可靠性的外在因素之一，工作人员不能胜任电气自动化控制系统的设备操作与管理工作，使电气自动化控制系统的运行长时间处于超负荷的状态，或在系统出现异常后不能及时进行处理；工作人员在的操作不规范，也会使电气自动化控制系统的性能得不到充分的发挥，从而影响其可靠性。

四、电气自动化控制系统可靠性测试方法

科学地测试电气自动化控制系统可靠性具有重要的意义，我们应对电气自动化控制系统做出客观真实的评价。在电器行业人员的共同努力下，国家电控配电设备质量监督检验中心结合我国现状提出了一系列测试电气自动化控制系统可靠性的方法，较为常用的有三种。

（一）实验室测试法

实验室测试法是对可靠性进行模拟测试的一种法，它利用可以改变的工作条件和环境对电气自动化控制系统进行模拟，以检测电气自动化控制系统近期的运行状况，并记录相关数据，进而总结出电气自动化控制系统的可靠性指标。简而言之，实验室测试法是通过建立可控的产品工作环境来模拟实际条件，在模拟的环境下对被测样品进行试验，反复操作并记录产品技术参数，对得出的数据进行统计和数理分析，进而得出结论。因为该测试法可以有效模拟生产环境，并且观察记录的数据具有一定的真实性，所以测试人员可以对数据进行统计分析。但是，由于在实验室中，较难做到与实际情况完全一致，并且实验成本较高，在选

择这一方法测试电气自动化控制系统的可靠性时，应着重考虑实验品的成本因素和生产批量。

（二）现场测试法

现场测试法是指在现场对电气自动化控制系统的可靠性进行测试，并且记录检测结果，最终根据检测结果得出可靠性指标。这种测试方法与实验室测试法类似，但是实验室测试法可以模拟多种环境，而现场测试法只能测试一种环境。与实验室测试法相比，现场测试法的优势包括：测试过程不需要太多的测试设备；现场测试是在电气自动化控制系统应用过程中进行的实际测量，因此测量出来的数量能够反映电气自动化控制系统最真实的情况；可以在一定程度上降低测试成本；运行中的电气自动化控制系统在接受可靠性测试时不会发生任何损坏和受到任何影响，如果计算后得出的可靠性指标在应用标准范围内就可以立即出厂。现场测试法的缺点是不能有效地控制测试环境，易受外界因素的影响。因此，该测试法的再现性不如实验室测试法。

现场测试法具体可以分为三种类型。

①可靠性在线测试，是指在被测系统运行中进行的测试。

②停机测试，是指在被测系统停止运行时进行的测试。

③脱机测试，是指将被测系统取出，放在专门进行检测的环境中进行的具备一定可靠性的测试。

可以发现，后两种测试方法较为简单。但在实际使用过程中，电气自动化控制系统为提供全面的功能，系统设计较为复杂，只有保证电气自动化控制系统处于运行状态下，才能精准地找到问题的所在，因此宜使用现场测试法。在实际的现场测试中，工作人员应根据故障的真实情况确认是否应该立即停机并确定采用哪种测试方法。

（三）保证测试法

保证测试法就是通常所说的"烤机"，是指在产品投入使用之前，按照既定的条件，对产品进行无故障测试。一般情况下，电气自动化控制系统的内部构造较为复杂，其发生故障的原因和方式具备一定的随机性，并且故障的表现形式多样、故障次数呈指数分布，或者说失效率是根据时间的增长而提高的。因此，"烤机"实际上就是在产品出厂前对产品进行的检验，本质上是测试产品的失效情况，通过检验结果对产品进行持续地改善更新，保证产品的失效率能够符合相关指标。因为测试电气自动化控制系统的可靠性需要花费一定的时间，所以对于大批次的量产产品而言，该方法仅适应用于检测产品的样本；如果产品产量较少，则可以将此种测试法应用于所有被测产品。需要注意的是，保证测试法适用于电路相对复杂、对可靠性要求较高、电气设备数量不多的电气自动化控制系统。

五、电气自动化控制系统可靠性测试流程

在测试电气自动化控制系统的可靠性时，应对测验产品、实验环境、实验场所和实验程序进行科学、严谨的考察与分析。

（一）实验场地的确定

在选择电气自动化控制系统可靠性测试的场地时，应充分考虑可靠性测试的目标。当待测试电气自动化控制系统的可靠性高于指定的指标时，应选择最严谨的实验场所；当待测试的电气自动化控制系统处于常态时，应选择真实的工作环境作为试验测试场所；当测试电气自动化控制系统是为了获取对比性数据的资料时，应考虑选择与系统运行相似或相同的场所作为测试场所。

（二）实验环境的选取

因为电气自动化控制系统具有特殊性，所以不同类型的系统有不同的工况需要进行对比。在测试电气自动化控制系统的可靠性时，可以选择非恶劣条件的实验环境，在这种状况下进行的测试，可以保证电气自动化控制系统处在一般应力之下，由此获得的系统可靠性测试结果更具客观真实性。

（三）实验产品的选择

在测试电气自动化控制系统的可靠性时，应选择具有代表性的多个产品，如纺织、矿井、化工和造纸等领域的电气控制系统；分析电气自动化控制系统的实验规模时，应区别大型、中型和小型系统；分析电气自动化控制系统的运行状况时，应对间断运行系统和连续运行系统进行分析。

（四）实验程序

在测试电气自动化控制系统的可靠性时，应在专业实验技术员的指导下，按照规定的程序进行。首先，确定记录的开始时间和结束时间；其次，按照固定的时间收集、记录实验数据；最后，根据电气自动化控制系统的可靠性指标，采取保护措施，避免系统产生故障。只有在严格、科学、规范的条件下进行的可靠性测试，才能保证实验所获得的数据的准确性。

（五）实验组织工作

在测试电气自动化控制系统的可靠性时，最为关键的就是实验的组织工作，即应构建一个严谨、科学、高效的实验组织机构。该机构主要负责相关人员的协调与管理工作，管理实验环境；在实验中搜集并整理相关数据，分析对比实验结果，对实验结果进行深入全面的分析，经过讨论分析后获得实验结论。除此之外，该机构还应注意协调工程师、设备制造工程师、实验现场工程师间的工作。

六、提升电气自动化控制系统可靠性的对策

提高电气自动化控制系统的可靠性，还应了解系统的特殊性，从设备元件的气候防护、散热保护以及设备的选择与使用着手，确保系统的稳定性和安全性。基于此，下面从七个方面提出了提升电气自动化控制系统可靠性的对策。

（一）生产角度的保护

为了提高电气自动化控制系统的可靠性，不论是设备的加工精度还是零部件的精度，都应符合当前的技术要求，不能盲目地追求高精度。只有使产品性能和精度等级相适应，才能有效降低生产成本。或者，对电气自动化控制系统装备进行简化，不断减少选配元件和修配元件，减少电气设备中的元器件、零部件的规格和品种，尽量使用生产厂家配备的通用产品或零部件。此外，在保证产品性能指标不变的同时，应尽可能地降低精度等级，简化装备，避免精配、特配，以减少不必要消耗，便于生产厂家的大量生产及二次维修，提高电气自动化控制系统的可靠性。

（二）电子元件的选用规则

在选择电子元件时，要根据不同的工作环境和电路性能选择最适合的元件，并且元件的质量等级、性能参数和技术条件都应符合电气自动化控制系统的要求，同时预留一定的元件作为备用；应仔细比较不同制造厂家元件的规格、型号、品种等，选择最优质的元件；对元件进行抽样质量检查，观察并记录元件在使用中的数据，并将其作为今后选择电子元件的依据。

（三）电气设备的气候防护

由于电气设备中的元件易受环境影响，如有害气体、过高或过低气压、霉菌和潮湿等环境，尤其是潮湿环境会对电气设备造成不可逆的损害。电气自动化控制系统长期处于高湿低温的环境中，电气设备电路板会出现凝露现象，进而影响信号的传输，导致系统发生故障。

（四）设计阶段的保护

通过设计阶段的保护，可以提高电气自动化控制系统的可靠性。首先，在研发产品时应严格规范产品的设计参数，确定产品的功能与用途，确定整套设计方案；其次，根据产品类型和使用特点，对产品结构进行整体构思，使产品具备实用性；最后，保证产品元件具备一定的操作、维修性能，避免后期产生大量的维护费用。

（五）电气设备的散热防护

温度对电气自动化控制系统的影响非常大。一般的电气设备在工作时，能量大多以热能的形式散失，特别是那些高能耗的元件，如大功率电阻、大功率晶体管、边压管、电子管等。但是，如果电气自动化控制系统所处的环境温度过高，散热太慢，会使电气设备的温度逐渐升高，最终影响整个系统的正常运行。

（六）产品设计的研究

要想提升电气自动化控制系统的可靠性，必须加强零部件和产品技术的研究，按照产品的设计参数，确保产品的使用条件、使用性能，保证设计方案的合理性。除了要考虑产品的类型、结构形式，还需考虑产品质量。同时，在确保产品性能的基础上，应根据价值工程观念，研究经济性的生产方式，开展零部件的设计，在满足产品技术的条件下，选择具备合理性、经济性的元件，进而降低产品的生产成本，提高电气自动化控制系统的可靠性。此外，对于产品结构而言，要做到构思全面和周密设计，保证产品的使用性能、操作性能与维修性能，使电气设备的使用费用、维修费用最小化，有效地降低运行成本，提高系统的可靠性。

（七）及时排除故障

要提升电气自动化控制系统的可靠性，必须定期维护系统。需要注意的是，在检查系统时，单纯的目测法很难真正查明原因，一定要结合电气设备零部件的结构及各部分的运行原理来检测，防止盲目检修，以提高电气自动化控制系统的可靠性。在排除故障的过程中，要把主电路作为排除故障的切入点，检查整个电气自动化控制系统的电动装置，排除线路故障。在检查过程中，一旦发现故障要及时采取措施，认真做好故障排除工作，以提高电气自动化控制系统的可靠性。

第七章

电气自动化控制技术的发展与应用

第一节　电气自动化控制技术在工业中的应用

20 世纪中叶，在电子信息技术、互联网智能技术快速发展的背景下，工业电气自动化技术被初步应用于社会生产管理中，经过半个多世纪的发展，工业电气自动化技术日臻成熟，逐渐被应用于社会生产、生活的方方面面。进入信息化时代，人们的生产、生活观念都发生了变化，对工业电器行业的发展提出更高的要求，工业电气系统不得不进行改革。同时，随着电气自动化技术的日益完善，其应用于工业电气系统已成为必然趋势，具有跨时代的研究价值，对于社会经济的发展有着十分重要的意义，进一步推动国家走向繁荣昌盛。

一、电气自动化控制工业应用发展现状

工业电气自动化的应用能够促进现代工业的发展，它可以有效节约资源，降低生产成本，带来更大的经济效益和社会效益。工业电气自动化技术能够有效提升我国电气化技术的使用水平，缩短与发达国家之间的差距，促进我国经济快速发展。很多 PLC 厂商依照可编程控制器的国际标准 IEC61131，推出很多符合该标准的产品和软件。在工业电气自动化领域，电气自动化技术的应用为工业领域添加了新活力，我们可以通过现场总线控制系统连接自动化系统和智能设备，解决系统之间的信息传递问题，对工业生产具有重大的意义。现场总线控制系统与其他控制系统相比具有很多优势，如智能化、互用性、开放性、数字化等，已被

广泛应用于生产的各个方面，成为工业生产自动化的主要方向。

（一）电气自动化的快速发展

科技的不断发展推动了电气自动化的快速发展，各类自动化机械正逐步替代人工进行工作，有效节约了生产成本和时间，提升了工作效率，为企业带来了更大的经济效益。同时，工业电气自动化技术也被广泛应用于人们的日常活动中。为了给社会培养更多电气自动化人才，我国很多高校都开设了电气自动化专业。电气自动化具有专业面宽、适用性广的特点，经过国家几次大规模调整，电气自动化技术有着广阔的发展前景。纵观工业电气自动化的发展历程，信息技术的快速发展直接决定了工业电气的自动化发展，并为工业电气自动化的发展奠定了基础，同时，也推动了工业电气自动化技术的应用。大规模的集成电路为工业电气自动化的应用提供了设备，使物理科学固体电子学对工业电气自动化的发展产生了重要影响。

（二）电气自动化控制工业具体应用

随着时代的发展，工业电气自动化推动了现代工业的发展，提升了我国电气自动化技术的水平，增强了我国工业实力。国家标准 EC61131 的颁布为 PLC 设计厂商提供了可编程控制器的参考，为工业电气自动化技术的应用增添了新的活力。可以实现现场总线控制系统与智能设备、自动化系统的连接，解决了各个系统之间信息传递的问题。对工业生产具有重要影响。

设备与化工厂之间的信息交流在现场总线控制系统的基础上逐渐加强，现场总线控制系统还可以根据具体的工业生产活动内容设定，针对不同的生产工作需求，建立不同的信息交流平台。

二、电气自动化控制工业应用发展策略

（一）统一电气自动化控制系统标准

电气自动化工业控制体系的健全和完善，与有效对接服务的标准化系统程序接口是分不开的，在电气自动化实际应用过程中，可以依据相关技术标准、计算机现代化科学技术等，推动电气自动化工业控制体系的健康发展和科学运行，不仅能够节约工业生产成本、降低电气自动化运行的时间、减少工业生产过程中相关工作人员的工作量，还能够简化电气自动化在工业运行中的程序，实现生产各部之间数据传输、信息交流、信息共享。

（二）架构科学的网络体系

架构科学的网络体系，有利于电气自动化控制工业的健康、规范发展，实现现场系统设备的良好运行，促进计算机监控体系与企业管理体系之间交叉数据、信息的高效传递。同时企业管理层还可以借用网络控制技术实现对现场系统设备操作情况的实时监控，提高企业管理效能。而且随着计算机网络技术的发展，还可以建立数据处理、编辑平台，营造工业生产管理安全防护系统环境，因此，应建立科学的网络体系，完善电气自动化控制工业体系，发挥电气自动化的综合效益。

（三）完善电气自动化系统工业应用平台

完善电气自动化系统工业应用平台需建立健康、易开发、标准化、统一的应用平台。良好的电气自动化系统工业应用平台能够为电气自动化控制工业项目的应用、操作提供保障，并发挥积极的辅助作用。提升电气设备的服务效能和综合应用率，满足用户的个性化需求，实现独特的运行系统目标。在实际应用中，可以根据工业项目工程的客户目标、现实状况、实际需求等，借助计算机系统中CE核心系统、操作系统中的 NT 模式软件实现目标化操作。

三、工业电气自动化控制技术的意义与前景

工业电气自动化技术在工业电气领域的应用，其意义在于对市场经济的推动作用和生产效率的提升两方面。在对市场经济的推动作用方面，工业电气自动化技术的应用在实现各类电器设备使用价值最大化的同时，有效强化了工业电气市

场各个部门之间的衔接，保证工业电气管理系统的制度性发展，以工业电气管理系统制度的全面落实确保工业电气系统的稳定快速发展，切实提升工业电气市场的经济效益，促进整体市场经济效益的提升。在生产效率的提升效果方面，工业电气自动化技术的应用可以提升监管力度，进行市场资源配置的合理优化和工业成本的有效控制，同时给生产管理人员进行决策提供依据，在降低工业生产人工成本的同时，提升工业生产效率，促使工业系统的长期良性发展。

工业电气自动化的发展，可以有效地节约现代工业、农业及国防领域所消耗的资源，降低成本费用。随着我国工业自动化水平的提高，可以实现自主研发，缩短与世界各国之间的距离，从而推动国民经济的发展。我国的工业电气自动化企业应完善机制和体制，确立技术创新的主导地位，提高创新能力，不断完善电气自动化产品和控制系统。以科学发展观为指导思想，以人为本，学习先进的技术和经验，充分发挥人的积极性，加快企业转型，推动我国经济高质量发展。

随着工业电气自动化技术的发展，社会各界对其的关注度不断提高。为了实现工业电气自动化生产的规模化和规范化，应当制定相关标准。同时，为了进一步推动我国工业电气自动化技术的发展，提升我国工业电气自动化技术的自主研发能力，应当进一步完善相关体制、机制和环境政策，为企业自主研发提供发展空间，不断提升创新能力，推动改变工业电气自动化生产企业经济增长方式，开启工业电气自动化技术科学发展的新局面。

四、工业电气自动化技术的应用

（一）工业电气自动化技术的应用现状

在互联网技术的推动下，现有的工业电气自动化技术以计算机网络技术、多媒体技术等为核心，结合计算机 CAD 软件技术等人工智能技术，进行工业电气系统的故障实时监测和诊断，进行工业电气系统的全面有序控制，逐步实现工业电气系统的优化和完善。同时，当前形势下，工业电气自动化技术的应用关键在于工业电气仿真模拟系统的实现，以工业电气仿真系统辅助相关工作人员进行工业电气数据的事前勘测，为相关工作人员提供更加先进的电气研究系统，深入进行工业电气系统的研究。此外，当前的工业电气自动化技术以 IEC61131 为标准，运用计算机操作系统，建立工业电气系统的开放式管理平台，操作灵活，管理有效，维护有序，工业电气系统的自动化发展初见成效。

（二）工业电气自动化技术的应用改革

在工业电气系统的发展中，工业电气自动化技术改革的关键在于计算机互联网技术的应用和可编程逻辑控制器技术的应用。在工业电气自动化的计算机互联网技术应用中，互联网技术的作用在于控制系统的高效性，进行工业电气配电、供电、变电等各个环节的全面系统性控制，实现工业电气配电、供电、变电等的智能化，配电、供电、变电等操作更加高效，有效提高工业电气系统的综合效益。同时，工业电气自动化技术的应用可以实现工业电气电网调度的自动化控制，进行电网调度信息的智能化采集、传送、处理和运作等，使工业电气系统的智能化效果更加显著，实现经济效益最大化。在工业电气自动化的 PLC 技术的应用中，借由 PLC 技术的远程自动化控制性能，自动进行工作指令的远程编程，有效过滤工业电气系统的采集信息，快速高效地进行工业电气过滤信息的处理和储存，在工业电气系统的温度、压力、工作流等方面的控制效果明显，使工业电气系统性能得到全面提升，进而实现市场经济效益，加快我国国民经济和社会经济的发展进程。

第二节　电气自动化控制技术在电力系统中的应用

随着科学技术不断发展，电气自动化技术对电力系统的作用也越来越重要。虽然我国对应用于电力系统中的电气自动化技术研究起步比较晚，但近年来还是取得了一定的成绩。当然，目前国内的这些技术与国外先进水平相比，仍存在比较大的差距。所以，对应用在电力系统中的电气自动化技术开展研究已经迫在眉睫。显而易见，电气自动化控制技术在监测、管理、维修电力系统方面发挥着巨大作用，它能通过计算机了解电力系统的运行情况并可以有效解决电力系统在监测、报警、输电等过程中存在的问题，扩大了电力系统的传输范围，让电力系统输电和生产效率得到提高，让电力系统的运营获得了更高的经济价值，促进了电气自动化控制在我国电力系统的实施。

科学技术的日益进步和信息化的快速发展是电力系统不断前进的根本动力。随着计算机技术在电力系统中的应用，近年来，电力行业发展迅速，电气自动化控制技术的发展已成为我国电力系统发展的主要问题。在这种趋势下，传统的运行模式已满足不了人们日益增长的需求。为了解放生产力、节约劳动时间、降低劳动成本和促进资源的合理利用，电气自动化控制技术应运而生，而传统的模式便退出舞台。电气自动化就成为电力行业的霸主。电气自动化主要是利用如今最先进的科学技术对电力系统的各个环节进行严格的监管和把控，从而保证电力系统的稳定和安全。目前，电气自动化技术已渗透至各个领域，所以对电气自动化技术的深入了解和分析对国民经济的发展有着划时代的意义。

一、电力系统中电气自动化控制技术的应用概述

（一）电力系统中电气自动化控制技术的发展现状

伴随着经济社会的发展，各行各业和人们的日常生活对于电力的需求与日俱增，我国电网系统的规模也在日益增大，传统的供变电和输配电控制技术已然无法满足现阶段电力生产和配送的要求。由于电气自动化控制技术具有高效、快捷、稳定、安全等优势，符合我国电力系统的发展更多元、更复杂、更广泛的特点，能够切实降低电力生产成本、提高电力生产和配送效率、保障电力供应安全稳定，进而对提升电力企业的竞争力和企业价值具有重要作用，因而电气自动化控制技术在我国电力系统中得到了广泛的应用。目前，我国的电力系统对于电气自动化控制技术的应用已日趋成熟和完善。

（二）电力系统中电气自动化控制技术的作用和意义

近年来，计算机技术领域和 PLC 技术领域不断取得崭新的科技成果，我国的电气自动化技术也获得了飞速发展。

这其中，计算机技术称得上是电力系统中电气自动化技术的核心。其重要作用在供电、变电、输电、配电等环节均有体现。正是得益于计算机技术的快速发展，正是依赖于计算机技术，我国的电力系统才实现了高度信息化的发展，大大提高了我国电力系统的监控力度。

PLC 技术是电气自动化控制技术中的另一项至关重要的技术。它是对电力系统进行自动化控制的一项技术，它能使电力系统数据信息的收集和分析更加精确、传输更加稳定可靠，有效降低电力系统的运行成本，提高了运行效率。

（三）电力系统中电气自动化控制技术的发展趋势

现阶段，电气自动化控制技术在很大程度上提高了电力系统的工作效率和安全性，改变了传统的发电、配电、输电形式，减少了电力工作人员的工作量，保障了其人身安全。同时，该技术改变了电力系统的运行，让电力工作人员在发电站内就可以监测整个电力网络的运行并可以实时采集运行数据。以后的电气自动化控制会在一体化方面有所突破，现阶段，电力系统只能实现一些小故障的自主修理，对于一些较大的故障计算机还是束手无策。在人工智能化水平越来越高的未来，相信这一难题也会被攻克。实现电力系统的检测、保护、控制功能三位一体化，电力系统将会更加安全和经济。

随着经济的日益发展，电气自动化控制技术在电力系统中的应用越来越广泛。随着我国科技的不断进步，电气自动化控制技术也将向水平更高、技术更多元的方向发展，诸如信息通信技术、多媒体信息技术等，也将被纳入电气自动化的应用范畴。具体说来，可大致分为以下几个方面：

第一，我国电力系统中电气自动化技术的发展已趋于国际水平。为了更好地与国际接轨、开拓国际市场，我国的电气自动化的技术研发实施了国际统一标准。

第二，我国电力系统中电气自动化技术的发展趋势是控制、保护、测量三位一体化。在电力系统的实际运行中，控制、保护、测量三个功能的有机统一，能够有效提高系统的稳定性和安全性，简化工作流程、减少资源重复配置、提高运行效率。

第三，我国电力系统中电气自动化技术的发展融合了多种先进技术。随着电气自动化的应用越来越广，其对计算机技术、通信技术、电子技术等科学技术的要求也不断提高。将最新的科学技术成果，不断应用到电力系统中，将是电气自动化技术发展的另一大趋势。

二、电气自动化控制技术在电力系统中的具体应用

（一）电气自动化控制的仿真技术

我国的电气自动化控制技术不断和国际接轨。随着我国科技的进步和自主创新能力的增强，电力系统中关于电气自动化技术的研究逐渐深入，相关科研人员已经研发出了达到国际标准的可直接利用的仿真建模技术，大大提高了数据的精确性和传输效率。仿真建模技术不仅能对电力系统中大量的数据信息进行有效的管理，还能够构建出符合实际的模拟操作环境，进而有助于实施对电力系统的同步控制。同时，针对电气设备产生的故障，还能进行模拟分析，从而提高了系统的运行效率。另外，该项技术还有利于对电力系统中电气设备进行科学合理的测试。

仿真技术在实际应用中需要诸多技术的支持，其核心是信息技术，以计算机及相关的设备为载体，综合系统论、控制论等实现对系统的仿真动态试验。应用仿真技术能够对不同的环境进行模拟，确保了电力系统运行的稳定与可靠。通常情况下，在项目可行性论证阶段，只有确定仿真试验通过以后才能够正式进行实验室试验。采用仿真技术，电力系统就可以直接通过计算机的 TCP/IP 协议对电力系统运行中的信息和数据进行采集，然后通过网络传送到发电厂的数据信息终端，具备一定仿真模拟技术的智能终端设备就可以快速地对电力系统运行过程

中的各项信息数据进行审核评估。将仿真技术应用到电力系统中，电力系统可以直接采集运行的信息和数据并做出判断，从而及时发现故障并采取措施。

（二）电气自动化控制的人工智能控制技术

人工智能是以计算机技术为基础，通过对程序运行方式进行优化，实现对数据的智能化收集与分析，模拟人类思维并做出反应，从而实现智能化运行的一种技术。人工智能技术的核心是计算机技术，其运行依赖于先进的计算机技术与数据处理技术，其在电力系统中的应用能够有效地提高电力系统的运行水平。人工智能技术在电力系统的应用，将大大提高设备和系统的自动化水平，实现对电力系统运行的智能化、自动化和机械化。电力系统中采用人工智能技术主要是对电力系统中的故障进行检查并反馈信息，从而及时进行维修。其主要工作方式是由人工智能技术中的馈线自动化终端对电力系统故障进行分析，并将故障数据信息通过串口 232 或 485 和 DTU 的终端进行连接，然后在 3G 或 2G 基站的作用下通过路由器上传至电力系统中发电场的检测中心进行检测。检查中心会在较短的时间内对故障数据信息进行检测从而发现故障的原因。

人工智能控制技术的使用极大地提升了我国电力系统的安全性、稳定性和可控性。对于复杂的非线性系统而言，智能控制技术具有无法替代的作用。电力系统中智能控制技术的应用，不但提高了系统控制的灵活性、稳定性，还能增强系统及时发现和排除故障的能力。在实际运行中，只要电力系统的某个环节出现故障，智能控制系统都能及时发现并做出处理。同时，工作人员还能够利用智能控制技术对电网系统进行远程控制，这大大提高了工作的安全性，增强了电力系统的可控性，进而提高了电力系统整体的工作效率。

（三）电气自动化控制的多项集成技术

电力系统运用了电气自动化的多项集成技术，使系统的控制、保护与测量等有机结合，不仅能够简化系统运行流程，提高运行效率，节约运行成本，还能够提高电力系统的整体性能，便于对电力系统的环节进行统一管理，从而更好地满足不同客户的用电需求，提升电力企业的综合竞争力。

（四）电气自动化控制技术在电网控制中的应用

电网的正常运行是电力系统输配电质量的关键因素。电气自动化控制技术能够实现对电网运行状况的实时监控，并能够对电网实行自动化调度。在有效保障输配电效率的同时，促使电力企业改变传统生产和配送模式，不断走向现代化，提高生产和经营效率。电网技术的发展离不开计算机技术和信息化技术的进步。电网技术包括对电力系统中的各个运行设备进行实时监测，在提高数据信息的收集效率、使工作人员实时掌控设备运行情况的同时，还能够自动、便捷地排除故障设备，大大提高了检修、维护的效率，加快了电力生产由传统向智能转变。

（五）计算机技术的应用

从技术层面来分析，电气自动化控制技术取得成功的关键就是和计算机技术结合并在电力系统中得到广泛应用。电子计算机技术被应用到电力系统的运行检修、报警、分配电力、输送电力等环节，可以实现控制系统的自动化。计算机技术中应用最广泛的就是智能电网技术了，运用计算机技术我们可以通过复杂的算法对各个电网分配电力。智能电网技术代替了人脑进行高强度计算，被广泛应用在发电站和电网之间的配电和输电过程中，不仅减轻了电力工作人员的负担而且降低了出错率。电网的调度技术也很重要，直接关系到电力系统的自动化水平，它的主要工作是进行信息收集，然后分类汇总，实现发电站和电网之间的实时沟通联系，进行线上交易，它还可以使电力系统和各个电网的设备进行匹配，提高设备的利用率，降低电力的成本。同时，它还有记录数据的功能，可以实时查看电力系统的运行状态。

（六）电力系统智能化

目前，在电力系统的主要工作原件、开关、警报等设备都已实现了智能化。这意味着我们能通过计算机控制危险设备的开关、对主要的发电设备进行实时监测并实现报警功能。智能化技术在运行过程中可以收集设备的运行数据，方便我们的监控和维护，而且可以通过数据分析发现设备存在的问题，提前采取措施。在以后的智能化试验中，可以将着力点放在输电、配电等方面。

　　传统的电力系统需要定期指派人员进行检测和检修，在电气自动控制之后，我们的电力系统可以实现实时在线监控，记录设备运行过程中的每一个数据，并且能够跟踪故障因素，通过对设备记录数据的研究和分析及时发现隐患，并鉴别故障的程度，如果故障程度较低可以实现自我修复，如果较高可以起到警报作用。这一技术不仅提高了电力系统的安全性，还降低了电力设备的检修成本。

（七）变电站自动化技术的应用

　　电力系统中最重要的一环就是变电站，发电站和各个电网之间的联系就是变电站。变电站的自动化也建立在计算机技术应用的基础上。要实现电力系统整体的电气控制自动化，不可缺少的就是变电站自动化。变电站的自动化，不仅包括一次设备比如变压器、输电线或者光缆的自动化、数字化，也包括部分二次设备的自动化，比如某些地区的输电线已经升级为计算机电缆、光纤。电气自动控制技术可是在屏幕上模拟真实的输电场景，并时刻记录输电线中的电压，不仅对输电设备进行了监控，还对输电中的数据进行了实时记录。

（八）数据采集与监视控制系统的应用

　　数据采集与监视控制系统（SCADA），是以计算机为基础的分布控制系统与电力自动化监控系统，在电网系统生产过程实现了调度和控制的自动化。其主要是对在电网运行过程中对电网设备进行监视和控制，具有对电网系统的采集、信号的报警、设备的控制和参数的调节等功能，在一定程度上促进了电网系统安全稳定运行。在电网系统中加入 SCADA 系统，不仅能够保障电力调度工作顺利开展，还能使电网系统的运行更加智能化和自动化。SCADA 系统的应用，能够有效地降低电力工作人员的工作强度，保障电网的安全稳定运行，促进电力行业的发展。

第三节　电气自动化控制技术在楼宇自动化中的应用

在现代的城市建筑中，随着科学技术和建筑行业的高速发展，城市建筑的质量和性能都得到了大幅度提升。其中电气自动化就是现代城市建筑中应用最为广泛的技术，该技术能够大幅度提高建筑的性能，提高人们的生活质量，与此同时，电气自动化的水平也得到了大幅度提高。然而不可否认的是，其中还存在一些较为严峻的问题，这些问题不仅影响到建筑的质量和性能，甚至还可能是极大的安全隐患，威胁到建筑用户的生命财产安全。因此，提高楼宇自控系统的水平，加大对电气自动化的分析研究力度就显得尤为重要。

一、楼宇自动控制系统概述

所谓的自控系统其实就是建筑设备的一种自动化控制系统，而建筑设备通常指那些能够为建筑服务或者人们的基本生存环境所必须用到的设备。在现代的房屋建筑中，随着人们生活水平的提高，所需设备也越来越多，比如空调设备和照明设备以及变配电设备等，而这些设备都能够通过一定的技术和手段实现自动化控制，从而使这些设备更加合理利用，与此同时，实行自动化管理不仅能够节省大量的能源资源以及人力物力，还能够使这些设备更加安全稳定地运行。而随着科学技术的高速发展，各种先进的建筑理论和建筑技术也层出不穷，为现代建筑实现电气自动化创造了有利条件。

楼宇自控系统是建筑设备自动化控制系统的简称。建筑设备主要是指为建筑服务的、人们基本生存环境（风、水、电）所需的大量机电设备，如暖通空调设备、照明设备、变配电设备以及给排水设备等，通过建筑设备自动化控制，达到合理利用设备，节省能源、节省人力，确保设备安全运行之目的。

前些年人们提到楼宇自控系统，仅仅指建筑物内暖通空调设备的自动化控制系统，近年来这一概念已涵盖了建筑中的所有可控的电气设备，而且电气自动化已成为楼宇自控系统不可缺少的环节。在楼宇自控系统中，电气自动化系统设计占有重要的地位。随着社会经济的发展，人们的生活水平不断提高，对现代的建筑也提出了更高的要求，现代建筑中楼宇自控系统应运而生。本节从电气接地出发，对电气自动化进行了深入的分析，并对电气自动化在楼宇自控系统中的应用进行了详细阐述。

二、电气接地

在建筑物供配电设计中，接地系统设计占有重要的地位，因为它关系到供电系统的可靠性，安全性。近年来，大量的智能化楼宇的出现对接地系统设计提出了许多新的要求。目前的电气接地主要有以下两种方式。

（一）TN-S 系统

TN-S 是一个三相四线加 PE 线的接地系统。建筑物内设有独立变配电所时进线通常采用该系统。TN-S 系统的特点是，中性线 N 与保护接地线 PE 除在变压器中性点共同接地外，两线不再有任何的电气连接。中性线 N 是带电的，而 PE 线不带电。该接地系统具备安全和可靠的基准电位。只要像 TN-C-S 接地系统，采取同样的技术措施，TN-S 系统可以用作智能建筑物的接地系统。在计算机等电子设备没有特殊的要求的情况下，一般都采用这种接地系统。

在智能建筑里，单相用电设备较多，单相负荷比重较大，三相负荷通常是不平衡的，因此在中性线 N 中带有随机电流。另外，由于大量采用荧光灯照明，其所产生的三次谐波叠加在 N 线上，加大了 N 线上的电流量，如果将 N 线接到设备外壳上，会造成电击或火灾事故；如果在 TN-S 系统中将 N 线与 PE 线连在一起再接到设备外壳上，那么危险更大，凡是接到 PE 线上的设备，外壳均带电；会扩大电击事故的范围；除了上述危险，将 N 线、PE 线、直流接地线均接在一起，电子设备也会受到干扰而无法工作。因此智能建筑应设置电子设备的直流接地、交流工作接地、安全保护接地，以及普通建筑也应具备的防雷保护接地。此外，由于智能建筑内多设有具有防静电要求的程控交换机房、计算机房、消防及火灾报警监控室，以及大量易受电磁波干扰的精密电子仪器设备，所以在智能楼宇的设计和施工中，还应考虑防静电接地和屏蔽接地的要求。

（二）TN-C-S 系统

TN-C-S 系统由两个接地系统组成，第一部分是 TN-C 系统，第二部分是 TN-S 系统，分界面在 N 线与 PE 线的连接点。该系统一般用在建筑物的供电由区域变电所引来的场所，进户之前采用 TN-C 系统，进户处做重复接地，进户后改用 TN-S 系统。TN-C 系统前面已做分析。TN-S 系统的特点是：中性线 N 与保护接地线 PE 在进户时共同接地后，不能再有任何电气连接。该系统中，中性线 N 常会带电，保护接地线 PE 没有电的来源。PE 线连接的设备外壳及金属构件在系统正常运行时，始终不会带电，因此 TN-S 接地系统明显提高了安全性。同时只要我们采取接地引线，各自都从接地体一点引出，选择正确的接地电阻值使电子设备共同获得一个等电位基准点等措施，因此 TN-C-S 系统可以作为智能型建筑物的一种接地系统。

三、电气保护

（一）交流工作接地

工作接地主要指的是变压器中性点或中性线（N 线）接地。N 线必须用铜芯绝缘线。在配电中存在辅助等电位接线端子，等电位接线端子一般被放在箱柜内。必须注意，该接线端子不能外露；不能与其他接地系统，如直流接地、屏蔽接地、防静电接地等混接；也不能与 PE 线连接。在高压系统里，采用中性点接地方式可使接地继电保护准确动作并消除单相电弧接地过电压。中性点接地可以防止零序电压偏移，保持三相电压基本平衡，这对于低压系统很有意义，可以方便使用单相电源。

（二）安全保护接地

安全保护接地就是将电气设备不带电的金属部分与接地体之间作良好的金

属连接。即将大楼内的用电设备以及设备附近的一些金属构件，用 PE 线连接起来，但严禁将 PE 线与 N 线连接。

在现代建筑内，要求安全保护接地的设备非常多，如强电设备、弱电设备，以及一些非带电导电设备与构件，均必须采取安全保护接地措施。当没有做安全保护接地的电气设备的绝缘损坏时，其外壳有可能带电。如果人体触及此电气设备的外壳就可能被电击伤或造成生命危险。我们知道，在一个并联电路中，通过每条支路的电流值与电阻的大小成反比，即接地电阻越小，流经人体的电流越小，通常人体电阻要比接地电阻大数百倍，经过人体的电流也比流过接地体的电流小数百倍。当接地电阻极小时，流过人体的电流几乎等于零。实际上，由于接地电阻很小，接地短路电流流过时所产生的压降很小，所以设备外壳对大地的电压是不高的。人站在大地上去碰触设备的外壳时，所承受的电压很低，不会有危险。加装保护接地装置并且降低它的接地电阻，不仅是保障智能建筑电气系统安全、有效运行的有效措施，也是保障非智能建筑内设备及人身安全的必要手段。

（三）屏蔽接地与防静电接地

在现代建筑中，屏蔽及其正确接地是防止电磁干扰的最佳保护方法。可将设备外壳与 PE 线连接；导线的屏蔽接地要求屏蔽管路两端与 PE 线可靠连接；室内屏蔽也应多点与 PE 线可靠连接。防静电干扰也很重要。

在洁净、干燥的房间内，人走路、移动设备，物体之间的摩擦均会产生大量静电。例如，在相对湿度 10% ~ 20% 的环境中人走路可以积聚 3.5 万伏的静电电压，如果没有良好的接地，不仅仅会对电子设备产生干扰，甚至会将设备芯片击坏。将带静电物体或有可能产生静电的物体（非绝缘体）通过导静电体与大地构成电气回路的接地叫防静电接地。防静电接地要求在洁净干燥环境中，所有设备外壳及室内（包括地坪）设施必须均与 PE 线多点可靠连接。智能建筑的接地装置的接地电阻越小越好，独立的防雷保护接地电阻应 ≤ 10Ω；独立的安全保护接地电阻应 ≤ 4Ω；独立的交流工作接地电阻应 ≤ 4Ω；独立的直流工作接地电阻应 ≤ 4Ω；防静电接地电阻一般要求 ≤ 100Ω。

（四）直流接地

在一幢智能化楼宇内，包含大量的计算机、通信设备和带有电脑的大楼自动化设备。这些电子设备的输入信息、传输信息、转换能量、放大信号、逻辑动作、输出信息等一系列活动都是通过微电位或微电流进行的，且设备之间常要通过互联网络进行工作。因此为了使其准确性高，稳定性好，除了需有一个稳定的供电电源外，还必须具备一个稳定的基准电位。可将较大截面的绝缘铜芯线作为引线，一端直接与基准电位连接，另一端供电子设备直流接地。该引线不宜与PE线连接，严禁与N线连接。

（五）防雷接地

智能化楼宇内有大量的电子设备与布线系统，如通信自动化系统、火灾报警及消防联动控制系统、楼宇自动化系统、保安监控系统、办公自动化系统、闭路电视系统等，以及相应的布线系统。这些电子设备及布线系统一般耐压等级低，防干扰要求高，最怕受到雷击。不管是直击、串击、反击都会使电子设备受到损坏或严重干扰。因此智能化楼宇的所有功能接地，必须以防雷接地系统为基础，并建立严密、完整的防雷结构。

智能建筑多属于一级负荷，应按一级防雷建筑物的保护措施设计，采用针带组合接闪器，避雷带采用 25×4 mm 镀锌扁钢在屋顶组成 $\leq 10 \times 10$ m 的网格，该网格与屋面金属构件做电气连接，与大楼柱头钢筋做电气连接，引下线利用柱头中钢筋、圈梁钢筋、楼层钢筋与防雷系统连接，外墙面所有金属构件也应与防雷系统连接，柱头钢筋与接地体连接，组成具有多层屏蔽的笼形防雷体系。这样不仅可以有效防止雷击，还能防止外来的电磁干扰。

第四节　电气自动化技术在煤矿生产领域的应用

提高效益和效率是煤矿生产的根本目标。随着煤矿生产规模的逐渐扩大，为提高煤矿的生产能力，煤矿企业对电气自动化技术提出了越来越高的要求。因此，强化电气自动化技术在煤矿生产领域的应用是大势所趋，这样不仅能够满足煤矿企业的发展要求，还有利于保证煤矿生产的安全。为了满足煤矿企业的需求，电气自动化技术逐步提升自身的操控精密程度及智能化程度，电气自动化技术逐渐朝着功能多样化、知识密集化和集成化方向转变。

电气自动化技术有四项核心技术，即计算机技术、现代控制技术、通信技术和传感器技术，煤矿企业在应用电气自动化技术时也离不开这四项核心技术的支持。煤矿企业由于其特殊的工作环境和工作条件，对电气自动化技术的依赖程度较高，其未来的发展更是离不开电气自动化技术的支持。换言之，无论是现在还是未来，煤矿企业的特殊工作环境已经决定了电气自动化技术的不可或缺性。

一、电气自动化技术在煤矿生产领域的应用现状

煤炭开采业较为特殊，煤矿作为不可再生能源，其开采是一项复杂且庞大的工程。在井下综合开采煤矿时，要应用到多种设备，如刮板运输机、采煤机、带式输送机、刨煤机等。这些设备的自动化，不仅能采掘丰富的煤矿资源，还能在一定程度上提高矿井的生产能力，改善煤矿的生产条件。因为集成化、综合化是电气自动化技术的主要特点，这一技术又将其他技术、仪表、PIC 等多项内容结合在一起，所以其为煤矿生产提供的服务也具有多样性，可以在提升煤矿价值的同时，为煤矿企业创造更大的经济效益。

将电气自动化技术应用于煤矿生产，不仅可以发挥电气自动化技术的整体控制优势，还可以发挥电气自动化技术多方面的应用价值。在煤矿生产过程中引进电气自动化技术，可处理煤矿生产过程中出现的收益问题和安全问题，并监控煤矿生产活动；可以提升电气设施的工作水平，维持电气设施的稳定性，并提升煤矿生产的效率。近几年，煤矿生产逐步朝着智能化方向发展，借助电气自动化技术，煤矿生产的智能化发展已颇具成效。综上所述，将电气自动化技术应用于煤矿生产领域，不仅全方位提升了煤矿生产的品质，还优化了煤矿生产的环境。

二、电气自动化技术在煤矿生产领域的应用展望

（一）采煤、运输过程中电气自动化技术的应用

采煤机是挖掘煤矿时经常使用的设备之一。将电气自动化技术应用于采煤机，可以显著提升采煤机的挖掘效率。现阶段，我国大多数采煤机都可以实现1000kW以上的总功率，少数先进的采煤机可以实现1500kW以上的总功率。在煤矿生产中，有些煤炭开采企业已经开始普遍使用电牵引采煤机，电牵引采煤机不仅可以提高工作效率和工作水平，还可以为企业带来巨大的生产收益。应用电牵引采煤机既能提升煤炭开采企业的工作效率，保障煤矿生产安全，又为煤炭开采企业带来了重要的价值。

20世纪80年代开始，我国煤矿产量显著提升。在开采煤矿的过程中，由于采煤环境的不同，对采矿设备的要求也较高，应用电气自动化技术成为必然选择。为了实现监控采煤过程的目的，煤炭开采企业在实际的控制过程中，可以应用远程监控方式，远程传输指令和监督采煤进程。为了保障采煤工作的高效率，降低能源的耗费，煤炭开采企业应该利用电气自动化技术调整采煤机的功率，根据煤层的厚度，制订合适的开采计划。在井下运输煤炭时，国内的许多煤炭开采企业会利用胶带运输设施，并将其与后期的PLC技术、DCS架构体系和计算机技术融合，最终构建起矿井安全生产体系，促进煤矿监控技术水平的提升。电气自动化技术在胶带运输设施中的应用也可以提升运输煤矿过程的安全性和高效性。

部分煤矿为了提升自身的生产效率，研发了胶带机的全数字直流调速体系，并应用了电气自动化集中监控体系，这在一定程度上促进了煤炭行业的发展。但是，这一举措也存在不足之处，如缺乏安全性、无法满足生产需要等。目前，国内运用的晶闸管器件形成的斩波器是脉冲调速装置的主要方式。推行这项技术不仅可以提升煤矿运输设施的工作效率和安全性，还可以推动构建以PLC技术和计算机技术为关键内容的煤矿自动化体系。此外，为了促进煤矿生产技术的成熟发展，可以借助电气自动化技术和变频技术的创新发展以及交频同步拖动调速体

系的应用。

（二）排水系统中电气自动化技术的应用

为了提升排水系统的控制水平，使排水系统朝着自动化的方向发展，煤矿的排水系统中应该应用电气自动化技术。在煤矿的排水系统中应用电气自动化技术，具有以下优势：第一，可以实现无人操作，排水系统根据煤矿生产的需水量，合理有效地调节水泵的工作状况，提供自动化调度服务，使水泵处于变频状况，节约能耗；第二，可以利用电气自动化技术监控排水系统的实际状况，及时防范过载、负压等情况，完成排水系统的自动保护工作；第三，可以收集系统产生的信息数据，并将其传输至控制中心，通过电气自动化技术有效地掌握排水系统的运作情况，合理地调整排水系统。

（三）监控系统中电气自动化技术的应用

为了满足煤矿生产的需求，保障井下作业的安全性，大部分煤矿企业在监控体系应用了电气自动化技术，并且配置了红外线自动喷雾装置、断电仪、风电闭锁装置、瓦斯遥测仪等设施。但是，这些安全设施的传感器存在种类少、寿命短、无法进行日常维护等弊端，导致煤炭开采企业无法顺利地运行监控体系，无法提高监控体系的利用率，对煤矿生产的可靠性造成影响。基于此，煤炭开采企业应该将改造和发展自动化的电气设备作为自己的一项重要发展战略。

（四）通风系统中电气自动化技术的应用

通风系统是煤矿生产过程中不可或缺的，通风系统不仅可以为煤矿生产提供基本的安全保障，还可以改善煤矿生产的环境。将电气自动化技术应用于煤矿通风系统，能够有效地控制通风系统的运作，划分通风系统的操作方式，如半自动、自动等，满足通风系统的多功能需求。

为了对通风系统进行合理的控制，煤炭开采企业应该利用电气自动化技术持续扩展通风系统的功能，如报警、记忆等，促进通风系统的有效运行。

第八章

电气自动化控制的创新技术与应用

第一节　变电站综合自动化监控运维一体化与优化方案

一、变电站综合自动化安全监控与运维一体化的意义

电网作为经济社会发展的基础设施，是实现能源转化和电力输送的物理平台，同时，电网也是实现大范围资源优化配置、提升市场竞争力的重要载体。智能电网是借助一次设备与二次设备的智能控制技术、变电站的自动化技术、远程调度自动化系统等相关技术，实现电力系统的自动化。目前，我国已在智能变电站中建立了网络化、信息化、数字化的综合自动化平台，确保了智能变电站的安全运行。变电站综合自动系统是智能变电站的重要组成部分，也是智能电网的核心和重要技术。促使变电站综合自动化系统朝着安全监控与运维一体化方向发展，一方面能及时发现潜在的安全威胁并发出警告，在故障发生前采取相应运维，防止综合自动化系统的基础设施损坏；另一方面在故障发生后，能帮助运维部门快速地找到故障源、追踪故障原因、制定运维方案，从而减少经济损失。因此，开展变电站综合自动化系统安全监控与运维一体化的研究具有重要意义。

①提高整个智能电网的安全性和可靠性。安全监控与运维一体化可以实现在监控中进行运维，在运维过程中进行实时监控。这样就解决了传统监控系统中

无法运维的情况，也解决了需要进行倒闸操作才能进行运维的弊端，真正提高了电网整体的安全性和可靠性。

②带来了极大的经济效益。首先，一体化的发展针对整个变电站进行实时监控与及时运维，延长了一次设备的使用寿命，极大地节约了电网公司的财力及物力；其次，一体化发展简化故障上报的程序，通过自动化系统判定故障并维修，提高了工作效率；最后，一体化发展实现的自动运维可避免操作人员误入带电层，保障了运维人员的安全。

因此，变电站综合自动化安全监控与运维的发展在整个智能电网的搭建和发展历程中至关重要。运维一体化有广阔的发展前景，能有效减少智能电网的压力，减少电网故障率，降低风险，使智能电网更加平稳、安全地运行。

二、远程监控系统在无人值守变电站中的应用

进入 21 世纪，电力系统正向高参数、大容量、超高压快速发展。随着电力体制改革的逐渐深入和电力系统规模的不断扩大，无人值守变电站已经成为电力行业发展的迫切需要。对于无人值守变电站，需要使用远程监控系统，对变电站的关键控制区域进行监控，并监视和控制变电站内各种设备的运行和操作，对现场发生的异常情况自动报警，以便远端值班中心操作人员及时发现和解决问题，完成对变电站环境空间的安全防范监控及对必要的生产设备的可视化管理。

电力系统引入远程监控系统可以方便地监视和记录变电站的环境状况以及设备的运行情况，监测电力设备的发热程度，及时发现、处理事故情况，有助于提高电力系统自动化的安全性和可靠性，并提供事后分析事故的图像资料，它具有功能综合化、结构微机化、操作监视屏幕化、运行管理智能化的显著特点。

（一）应用背景

近几年，电力行业一直在致力于无人/少人值守变电站的推广应用。目前已有相当多的变电站实现了"四遥"，即遥测、遥信、遥控、遥调功能。然而，实现变电站综合全面的自动化管理，大面积推广无人值守变电站的首先是建立一套

完善的远程监控系统——电力行业称之为"遥视"。"遥视"功能使电力调度部门可以远程监视变电站的设备及现场环境。"遥视"作为传统"四遥"的补充，进一步提高了电力自动化系统的安全性、可靠性。因此，越来越多的电力部门把远程监控系统作为无人/少人值守变电站管理的重要手段。由于无人值守变电站智能化远程图像监控系统运行监控中心和操作队负责了原变电站值守人员的绝大部分职责，所以无须专门的值班员，可大大减少运行值班人员，达到减人增效的目的。实施变电站无人值班是电力经营管理的重点问题；实施变电站无人值班是电力企业转换机制、改革挖潜、实现减人增效、提高劳动生产率的有效途径。变电站实现无人值班是电网的科学管理水平和科技进步的重要标志。其意义在于：

①有利于提高电网管理水平。

②有利于提高电网安全经济运行水平。

③有利于提高电力企业经济效益。

④减员增效效果显著。

⑤促进电力工业的技术进步。

电力工业的发展要求变电站实现真正的无人值守，电力系统遥视技术对目前电力系统自动化的发展具有重要意义。

（二）视频监控的发展历程

1.模拟监控方法

在 20 世纪 90 年代以前，主要是以模拟设备为主的闭路电视监控系统，用录像机将现场情况录下来备查。录像机录下来的图像，存在清晰度不足、查询麻烦和录像带保存等问题，所以这种方法已经越来越少使用。而对于较早的远程监控，存在数据量大、网络传输极其困难、需要专用线路设备、视频信号质量差、对监控系统要求高等不便。

2.数字化本地视频监控系统

20 世纪 90 年代中期，随着计算机处理能力的提高和视频技术的发展，人们利用计算机的高速数据处理能力进行视频的采集和处理，利用显示器的高分辨率实现图像的多画面显示，大大提高了图像质量。这种基于 PC 机的多媒体主控台系统称为数字化本地视频监控系统，其存在着数据量大、网络传输困难、视频信号质量差、对监控系统要求高等不便，且只能在局域网中工作，无法很好地满足远程监控的需要。

3. 远程视频监控系统

20 世纪 90 年代末，随着网络带宽、计算机处理能力和存储容量的快速提高，以及各种实用视频处理技术的出现，视频监控步入了全数字化的网络时代，出现了远程视频监控系统。新一代的远程监控系统是分布式的，采用基于 IP、LAN 形式的利用公共网络传输的视频监控系统，以网络为依托，以数字视频的压缩、传输、存储和播放为核心，以智能实用的图像分析为特色，引发了视频监控行业的技术革命。这样的监控系统既是计算机技术迅猛发展的产物，又是现代高科技的结晶，是图像处理和信息技术的完美结合，并且它和 Internet 相结合的形式非常有利于客户端的智能操作。

（三）远程监控系统组成及基本原理

1. 系统组成

远程监控系统分为前端（现场）设备、通信设备和后端设备三大部分。前端设备主要包括视频服务器和其他相关设备。视频服务器负责将视频数字化，通过视频编码对图像进行压缩编码，再将压缩后的视频、报警等数据复合后通过信道经视频服务器发送到监控接收主机，也可将音频数据进行编码，复合传输，同时实现声音通信。接收来自监控中心控制主机的控制信号，实现云台、镜头和灯光等控制，以及进行报警的布防和撤防。通信设备是指所采用的传输信道和相关设备。后端设备主要包括视频监控服务器和若干监控主机。视频监控服务器接收前端视频服务器发送过来的压缩视频与其他报警、温度信息，并转发到相应的监控主机中；监控主机可以通过得到的监控信息，发送控制指令。监控主机可由多个用户同时进行监控，每个用户也可同时监控多个监控主机，具有很大的灵活性。视频监控服务器除转发视频、音频数据外，还完成对各个监控系统的管理，如优先权、用户权限、日志、监控协调、报警记录等。

2. 基本原理

远程监控系统的核心是利用数字图像压缩技术实现视音频通信，视音频信号在数字信道上传输，必须先经过如下四步。

①数字化，即通过采样和量化，将来自摄像机的模拟视频信号转化为数字信号。

②数字图像压缩编码，由于数字化后的图像数据量非常大，必须进行压缩编码，才能在目前的信道上传输。

③数据复合，即将压缩后的图像码流与其他如音频（也经过了压缩）、报警、控制等数据进行复合，并加入纠错编码，形成统一的数据流。

④信道接口，是将数据发送到通信网的接口设备。在接收端是一个逆过程，但解压缩后的图像数据可直接显示在计算机屏幕上，或经复合后在电视监视器显示。

（四）远程监控关键技术

无人值守变电站远程监控技术是 20 世纪 90 年代后期在计算机网络技术、通信技术和超大规模集成电路技术的基础上发展起来的一项综合性技术，包括图像的编码技术和传输技术。

1. 编码技术

要想实现远程监控，需要对视频模拟信号进行数字化和压缩，视频信号的压缩就是从时域、空域两方面去除冗余信息。目前，在众多视频编码算法中，影响最大并被广泛应用的算法是 MPEG 和 H.26x。考虑到技术的先进性和成熟性，在变电站遥视系统中采用 MPEG–4 压缩编码。

2. 传输技术

数字化视频可以在计算机网络（局域网或广域网）上传输图像数据，基本上不受距离限制，信号不易受干扰，可大幅提高图像品质和稳定性，保证了视频数据的实时性和同步性。

（五）基本功能

远程监控系统作为变电站实行无人值守管理的一种必要手段，可以保障变电站安全稳定地运行，监控中心值守人员可以借助该系统实现对变电站的有效监控，及时发现变电站运行过程中的各种安全隐患。其基本功能主要有以下几方面。

1. 报警功能

变电站远程图像监控系统所要承担的主要任务之一是从安全防范的角度，保障变电站空间范围内的建筑、设备的安全以及防盗、防火等。系统可配置各种安防报警装置安装在变电站围墙、大门、建筑物门窗等处，重点部位可使用摄像机进行 24 小时不间断视频监控，以保障变电站周边环境安全。系统也可安装各种消防报警装置，将报警信号直接输入前端主机。由于电力系统设备过热是一个不容忽视的现象，因此应对重要节点、接头自动进行超温检测和报警，即具有超温检测功能，系统可配置金属热感探测器或红外测温装置。一旦出现警情，系统自动切换到相应摄像机，监控子站主机同时将报警信号上传至监控中心，监控中心的监控终端上显示报警点画面并有告警声提醒值班人员，同时启动数字录像。一旦有摄像机出现故障或被窃，引起视频信号丢失就会引起报警。在设定的视频报警区，一旦有运动目标进入或图像发生变化也会引起报警。

2. 管理功能

远程图像监控系统能自动管理，具有自诊断功能，能对网络、设备和软件运行进行在线诊断，并显示故障信息。系统应具有较强的容错性能，不会因误操作等而导致系统出错和崩溃。同时还可以对系统中用户的使用权限和优先级进行设定，对于系统中所有重要的操作能自动生成系统运行日志。登录用户可查询系统的使用和运行情况，并能以报表方式打印输出。

3. 图像监控功能

图像监控功能包括对变电站的周边环境和设备运行与安全的监控。监控终端能灵活、清晰地监视来自变电站多个摄像机的画面，不受距离控制，同时对视频信息采集设备进行远程控制，对现场进行监听。一个监控终端可监视多个站端，多个监控终端可同时监视一个站端。还可对监控对象的活动图像、声音、报警信息进行数字录像，具有显示、存储、检索、回放、备份、恢复、打印等功能。监控中心可远程观看、回放任一站端、任一摄像机的实时录像和历史录像。

三、变电站综合自动化系统运维技术的发展与效益

国民经济的快速发展，电网建设的规模不断扩大，新投入的变电站综合自动化系统越来越多。变电站安全监控系统作为一个微机实时监控系统，由于数据庞杂、程序复杂、进程路径多及微机自身缺点，常会出现故障或异常。而电力系统人员如果无法跟随人工智能的脚步进行知识和技能的更新换代，无法及时掌握系统运行的全部知识，就会严重影响新投入的变电站综合自动化系统的正常运行，如果因为一个软件故障需要驱车数百里去维修，这是对人力以及物力资源的极大浪费。因此，对智能变电站进行安全监控并及时运维十分重要。

当前变电站的综合自动化系统都是利用网络连接运行的，整个系统各个模块的参数设置、状态、数据修改都能通过网络实现，这就为运维技术的实施创造了条件。远程技术的成熟为运维技术的发展提供了现实条件。运维技术应该兼具远程控制、变电站监控系统运行状况、系统运行的起停、各模块运行状况监控、程序化操作等多种功能。这样才能保证变电站综合自动化系统的长期正常运行。但机遇与挑战并存，运维技术还面临许多技术难题。例如合理稳定的远程登录方式、远程控制软件的定期运维以及保护综合自动化系统的安全等。

变电站综合自动化系统的运维技术，对提高变电站管理水平、打造一批专业领头人具有一定指导作用，为形成一套成熟、完善变电站运维管理技术奠定了基础。运维在智能变电站中的使用可以带来以下三个方面的效益。

第一，运维工作标准化。将运维工作标准与变电站综合自动化系统管理标准相统一，既有利于提高运维工作的质量，也有利于整个变电站的规范化。

第二，运维效率提高。在规范化的管理模式下，运维工作分配将更加科学，

减少运维工作人员超负荷作业的情况，从而使运维效率大大提高。

第三，资源的分配更加合理。通过定期、实时进行运维，能及时发现系统中各个模块的问题，并及时解决，延长综合自动化系统的使用寿命，节省了大量的财力、物力。

四、变电站综合自动化安全监控与运维一体化设计

（一）一体化系统设计思路

1.明确操作范围

在现有的变电站自动化系统中直接进行运维一体化改造就会出现影响面广、工作量大、改造过程安全风险高等问题。所以设计的安全监控与运维一体化系统是在既有变电站升级改造中，重新明确操作范围，对制定模块的功能进行改造和优化。升级后的系统是融操作票监控管理、防误闭锁、远方投退软压板、远方切换定值区、位置状态不同源判断以及运维等多功能为一体的系统。新系统具备原系统不具备或不完全具备的功能，安全监控与运维一体化系统的实现也为下一步建设安全监控与运维一体化平台打下了坚实的基础。

2.一体化系统设备改造的要求

①断路器可以实现遥控操作功能，在三相联动机构位置信号的采集应采用合位、分位双位置接点，分相操作机构应采用分相双位置接点；

②母线和各间隔应使用电压互感器数据，无电压互感器应具备遥信和自检功能的三相带电显示装置；

③隔离开关应具备遥控操作功能，其位置信号的采集应采用双位置接点遥信；

④列入安全监控与运维一体化系统的交直流电源空气开关，应具备遥控操作功能；

⑤列入安全监控与运维一体化系统的保护装置应具备软压板投退、装置复

归、定值区切换的遥控操作功能；

⑥自动化系统的二次装置应具备装置故障、异常、控制对象状态等信息反馈功能。

（二）一体化系统设计整体架构设计

1. 一体化系统组织架构设计

安全监控与运维一体化系统应由两大部分组成：调度主站（主站）和变电站（子站）。调度主站是基于智能电网调度控制平台，具备主站一体化操作功能，由内部平台交换完成权限管理、操作任务编辑解析、拓扑防误、调票选择、安全监控、指令下发、结果展示及运维等功能；智能变电站通过一体化系统配置远方程序化操作模块，发挥调度主站远方一体化操作功能，并接收一体化系统的操作指令执行操作票唯一存储与调阅、模拟预演、智能防误校核和向主站上送信息数据等业务操作；双确认设备完成状态感知和智能分析。

2. 一体化系统功能架构设计

变电站安全监控与运维一体化操作系统是基于原有监控系统，采集全站一二次设备实时遥测及遥信数据，实现对智能变电站全站一二次设备的监视控制，具备本地与远方同时监控与运维的操作功能。

3. 一体化系统软件架构设计

安全监控与运维一体化操作系统是利用 Linux 安全操作系统平台进行运行，是基于原有监控系统，在公共应用层发挥实时信息监视、在线控制、实时事件处理与报警、数据存储、处理与运维等功能。同时，在应用层实现各种专业级应用，提供标准的开放性接口，支撑多专业应用无缝集成。

（三）一体化系统设计原则

1. 可靠性

（1）故障智能检测功能。安全监控与运维一体化操作系统是配置系统业务运行状态监测与管理的进程，该进程为系统守护进程，对所有业务进程周期性进行运行状态监测，根据配置的故障诊断策略进行实时状态诊断，若监测到程序情况异常则根据配置的应对策略进行异常告警、进程重启、主备切换等操作，具备软件自诊断、自恢复功能，保障系统设备的长期稳定运行。所以该系统的系统业务模块应满足以下要求：关键设备 MTBF（平均无故障运行时间）>20000h；由于偶发性故障而发生自动热启动的平均次数 <1 次 /2400h。

（2）主备机切换处理功能。安全监控与运维一体化操作过程中，主机和备用机切换后的服务端与五防监控和运维程序化操作是无缝衔接的。五防及监控和运维程序化的操作界面是在客户端展现的，若发生主备切换，五防监控和运维一体化客户端操作链接会自动切换至当前主机，从而保证数据处理与业务操作仅通过主机服务进程就可以完成。

2. 安全性

安全监控与运维一体化系统整体安全性要按三级要求设计：硬件采用国产服务器；软件采用国产安全操作系统；权限校验采用"强密码 + 指纹 / 数据证书"双校验；主站及子站数据传输须经过纵向加密装置，确保数据传输安全可靠。同时网络通道连接到供电企业综合业务数据承载网络通信通道以满足电信级指标的要求，关键设备和链接冗余，起着双向保护的作用，拥有电信级故障自愈功能，支持 ULAN 方便的网络访问和运维，服务器是用来连接核心交换机的主要方式。某一连接处或某一装置发生故障，在主备机切换的情况下不会妨碍其他装置与系统的日常运作。

3. 易用性

安全监控与运维一体化系统运维模块的开发基于模板样式的运维图形自动生成技术，实现图模自动构建将自定义的图元组合固化为间隔图形、设备状态、网络拓扑等模板样式，可定制业务展示需要的画面布局、设备、连线等模板样式，针对实际工程，通过组态工具选择界面图元关联的数据模型并进行定位，自动生成各运维画面。改扩建一键更新功能可实现一键修改更新全站的间隔名称及设备编号，包括图形、数据库、操作票、报表等数据的批量自动更新。

五、变电站综合自动化安全监控与运维一体化关键技术

（一）位置双确认技术

1.断路器位置双确认的判断依据

对于断路器位置来说，一种判断方法不能保证开关分合位置的准确性，按照国家电网要求，综合考虑开关切换之后设备电气量的实施情况，可以将断路器位置双确认判据分为位置遥信变位判据和遥测电流电压判据两种。

①位置遥信变位判据。位置遥信变位判据是采用分合双位置辅助接点，各相开关遥信量采取各相位置辅助接点的方式。各相断路器均采用与逻辑关系，当断路器三相分位接点同时闭合，与此同时，三相合位接点全部断开时，这时才能判断断路器位置遥信从合位到分位；当断路器三相分位接点同时断开，与此同时，三相合位接点全部闭合时，这时才能判断断路器位置遥信从分位到合位。

②遥测电流电压判据。遥测电流电压判据是根据三相电流或者电压的有无变化作为断路器分合位置判据。断路器分合位置的最终确认是在位置遥信判断当下分合位置的基础上追加的判据，断路器位置遥信由合位变分位时，只有"三相电流的变化情况是有流变为无流、母线（间隔）三相带电设备显示有电变为无电/母线（间隔）电压状态有压变为无压"或逻辑关系成立，才能断定此时断路器已处在分位状态；断路器位置遥信由分位变合位时，只有"三相电流的变化情况是无流变为有流、母线（间隔）三相带电设备显示无电变为有电/母线（间隔）电压状态无压变为有压"或逻辑关系成立，才能断定此时断路器已处在合位状态。

2.隔离刀闸位置双确认的判断依据

断路器可以采用上述两种判据方式实现位置双确认，对于隔离刀闸，当下还没有统一明确的双确认技术方案。早期有人值守变电站一般都采用敞开式刀闸，有运维人员在现场检查巡视，能够清晰查看隔离刀闸的断开和闭合。目前一般变电站都实现了无人值守，只有在计划运维的情况下才有运维人员赶赴现场，不能保证设备状态的实时检查。隔离刀闸长期运行会出现老化和接触不良的情

况，很有可能使分合不到位，从而导致电网系统故障。综上，实现隔离刀闸位置双确认技术对于变电站安全运维具有十分重要的意义。

①压力（姿态）传感器方式。压力传感器或姿态传感器双确认方式，将传感器安装到隔离开关上，采集一次设备隔离开关分合位操作时所产生的压力数据或角度位移数据，经数据采集装置分析处理后解析为辅助位置信号统一上传至监控后台，供一体化控制系统使用。敞开式隔离开关加装无线压力（姿态）传感器，借助传感器接收器把触头压力数据转换为辅助位置信号传送到站控层网络，如果"辅助接点"变位，而且触头压力（位移角度）数据值比分、合位门槛值大时，说明设备已操作到位。每一组隔离开关要装三个无线压力（姿态）传感器，A、B、C 三相，主变中性点接地刀装一个压力（姿态）传感器。

②视频识别实现方式。在变电站相关位置架设以安全监控为核心的网络高清摄像机，实现站端装置获取监控信息，监控信息以接口方式实现和调度自动化系统的信息交互，隔离刀闸要全部设置好摄像机预置位信息，完成装置动作信息、监控信息和故障信息的全面联动，当装置动作、变化或故障时，摄像头会自动校准，将实时监控信息与调度主站信息统一呈现给运维人员，从而实现隔离刀闸位置判断的"双确认"。隔离刀闸的相位应和摄像机预置位相关联，保证隔离刀闸每相都能和摄像机一一对应；正常状态下，隔离刀闸一相与一个摄像机位置对应，一个摄像机位置能与多个隔离刀闸对应。如果一个摄像机不能判断隔离刀闸状态，需要多添加并单独标注一个摄像机位。关联信息应在监控系统中体现并以接线图的形式呈现，这样可以快速匹配定位监控图像。隔离刀闸的位置判据与三相位置有关，两组隔离刀闸一般需要匹配三个摄像机，针对目前实际变电站的监控摄像机布置情况，很多装置并不符合标准，因此改造变电站还应额外布置大量网络高清摄像机。

满足上述视频摄像机布置的相关要求后实现视频识别双确认方式，就是在一体化操作程序动作时实现与辅助设备监控主机视频联动，辅助设备监控主机控制视频摄像头与一次装置位置一一对应，获取动作后的一次装置位置状态图像信息，并借助视频智能分析系统核算出动作后的位置状态，反馈位置状态信息到监控后台，作为辅助位置判据供一体化操作系统使用。对隔离开关的分合闸结果判断，系统还支持采用"位置遥信＋视频识别"方式，即第一状态判据采用直接位置遥信，第二状态判据采用视频识别方式判别设备的位置状态，从而满足两个非同原理或非同源指示变化作为操作后的确认依据。

当一体化操作系统对某个隔离刀闸执行一体化操作指令时，首先向视频主机发送视频联动信息，视频主机自动显示该设备的现场图像信息，运用智能视频分析技术对隔离开关的各项指标进行智能分析，进而获取设备的状态数据参数，最后把智能分析判断执行后的结果状态反馈给一体化操作系统。

（二）一键式安全措施技术

一键式是遥控操作的方式之一，前提是操作票按操作项目顺序依次对系统中二次设备进行遥控。常规变电站二次维护的安全措施可在二次电缆的电气分离点附近设定。然而，在智能变电站时期，二次回路信息和数字网络改造的完成，变电站二次设备相互的信息状态越来越烦琐，这加大了操作运维人员评估二次设备故障或制定二次安全措施的困难。

目前，智能变电站二次运维安全措施的处理大多是基于专业技术人员的经验进行编写，仍然可以自由地用于维护一个单元的状态。然而同时运维多个设备难以确保手动发票的效率和可靠性。整个智能变电站的二次电路不可见，二次设备相互关联比较复杂，互联关系很多，在二次设备的运维或故障分析中很难隔离设备。该操作不直观，并且缺乏避免错误的能力从而使其难以掌握。用于安全措施的一键式技术使操作和维护人员只需设置要运维的目标设备（组），软件程序会自动生成安全措施技术，以实现自动开票。

1.设备陪停库

为了辨别运维程序中各种类型的设备关联，将有关设备分为三种类型。第一，运维设备：需要运维的目标设备，可以是多个；第二，陪停设备：需要运维的设备安全原因被从操作状态中强制撤回，陪停设备在运维过程中处于初始状态；第三，关联运行设备：指具有直接信息并与运维设备和陪停设备交互的设备。在制定运维安全措施时，必须首先确定执行安全措施的突破点，即运维界限。运维界限在此定义为运维设备、陪停设备和相关联运行设备之间的信息交互界限，所有运维安全措施都会在运维界限内的信息交互点上操作。

设备陪停库旨在表示运维设备和陪停设备之间的关系，并为所选运维设备匹配陪停设备，以便程序能自动识别在运维设备和陪停设备之间的运维界限。

电压等级不同对应的设备配置方式也不同，所以设备陪停库是依据不同电压等级构建的。设备陪停库应能符合所有不同电压等级和不同接线方式的变电站，所以构建设备陪停库需要按照抽象的设备类型进行命名，不能照搬某变电站 SCD（变电站全站系统配置文件）中的设备模型定义。在变电站的实际应用过程中，首先应依据运维设备在陪停库中找到相应的设备类型；其次依据设备类型匹配陪停设备；最后从 SCD 中匹配具体的陪停设备。

2. 安全措施模块和防误校验

①安全措施模块。目前，在变电站继电装置的相关事故中，意外拆卸或未能拆卸故障位置常常会使开关无故跳闸。因此，在设备中设置安全隔离措施的票证模板非常有必要，并使用导出和导入功能来使设备完成运维工作。

②防误校验。在安全措施防误规则库的基础上进行防误操作检查可以对安全措施进行防误验证，还可以对安全隔离措施的可行性及正确性进行检验。防误校验借助位置模块实现智能分析和验证。防误校验可以验证安全措施或变电站操作内容数据信息的有效性，确定在安全措施程序中使用最优防误方案，从而智能识别该方案是否符合现代典型安全措施流程，借助典型的安全措施流程实现防误校验，核对二次回路的数据是否存在遗漏的情况。

3. 安全措施逻辑监视

将监视所有辅助虚拟回路压板的正确性。如果顺序不正确，则会发出警报；操作票完成后，二次回路的压板应处于稳定状态，且模块已监测到压板的变化，立即发送压板的变化报警；当产生告警时，可以根据操作票逻辑弹出告警原因对话框，告警信息被提交给告警客户端和二次电路可视化模块；与次级电路可视化模块进行交互，使其处于监视状态，处于该状态的次级电路可以自动位于监视界面的中心。

可以监视所有辅助虚拟回路压板的投退顺序，顺序不对或正确投退的压板忽然变化，就会发出告警；当操作票停止操作，二次虚拟回路的压板正处在平稳状态，如果监视模块发现压板变更，马上发出压板变更告警信息；一旦告警发出，就可以通过操作票逻辑监视，弹出告警原因的对话框；将告警信息传送到告警客户端与二次虚拟回路可视化模块；实现二次虚拟回路可视化模块信息交互，完成监视状态的二次回路状态自动置于监视界面中央。

随着国家智能电网的科技化发展，智能变电站也将进入人工智能时代。从传统有人值守变电站到智能无人值守变电站，最后演变成智慧变电站，变电站综合自动化技术越来越完善，我国电力事业必将蓬勃发展。安全监控与运维是变电站正常运营的两大根本要素，由于变电站工作过程中有太多不可控因素，一旦出现故障或问题就可能产生巨大影响，对电力安全绝对不能掉以轻心，变电站综合自动化系统的安全性和可靠性的优化研究具有重大意义。变电站综合自动化安全监控与运维一体化研究，使安全监控与运维形成有机整体，实现系统多级交互，互联互通。

第二节　数字技术在工业电气自动化中的应用与创新

数字化技术是现阶段我国科学技术发展的重要方面，能够应用于各个领域，并在极大程度上提升这些领域的发展质量与效率。工业是现阶段我国经济发展的重要部门，而电气自动化可提升工业发展质量。将数字化技术应用于工业电气自动化中，能够在极大程度上提升现阶段工业发展质量。

工业是现阶段我国发展的重要组成部分，而我国在发展的过程中也十分重视工业的发展。电气自动化技术的应用提升了工业发展的质量与效率，让工业发展更加符合现代社会的实际需求。我国在发展的过程中对于工业发展有更高的要求，原有的自动化技术已经难以满足当今社会的实际需求，故而，人们将数字化技术引入工业电气化技术。利用数字化的优势提升了工业电气自动化的应用质量。处于数字化技术飞速发展的时代，我国工业需要紧跟发展潮流，积极地将数字技术引入工业发展过程，提升工业发展的效率与质量。

一、数字技术在工业电气自动化中的应用优势

数字技术在工业电气自动化中的应用，是将数字技术的优势与工业电气自动化的优势结合，在较大程度上提升电气自动化的应用质量，辅助我国工业更好地发展。数字技术应用于工业自动化能在极大程度上促进现阶段我国智慧工厂的发展质量，而从我国智慧工厂的发展情况来看，其正处于快速变革期，发展前景广阔。

数字技术应用于工业电气自动化中其优势主要表现在以下两个方面。

第一，数据管理质量更高。目前，我国信息化技术在不断改进与完善，其对于数据的管理质量也更高。与传统方式不同，将信息技术应用于工业电气自动化设备，与感应器相互配合，能够更有效地收集相关数据。计算机技术强大的数据处理功能，大大减少了人力物力消耗，提升了数据管理的质量与效率。

第二，降低工业发展对劳动力的需求。伴随着时代的发展，我国老龄化程度逐渐加深，工业在发展的过程中必然面临劳动力不足的情况。而在传统的工业电气自动化领域，所需要的劳动力仍较多。而应用数字化技术可以对生产过程进行自主调节，降低工业电气自动化对人力的需求，缓解人力不足的问题。

二、数字技术在工业电气自动化中的应用方式

众所周知，自动化技术相关的设备较多，且多数设备的操作难度较大，技术人员很难掌握。为解决这个问题，针对数字技术在工业电气自动化中的应用方式提出两个建议。

1. 利用 Windows 搭建工控标准平台

将 Windows 应用于电气自动化发展领域，是基于微软技术开发的 WindowsNT

以及 CE 平台。其在企业的管理以及其他等各个方面的领域都有较为广泛的应用，且取得了较好的效果。将其应用于电气自动化领域，主要是利用计算机技术，将控制界面图形化，辅助相关技术人员，对自动化技术应用情况进行监督与管理。加上 Windows 在实际应用的过程中，其操作以及维护较为简单与便利，而其拓展性也较强，符合现阶段我国工业自动化发展的实际需求。

2. 现场总线与分布控制系统

现场总线能将自动化系统和智能化设备连接起来，进行数据的双向传递。相关的控制人员在工业生产的过程中，可以在不到达现场的情况下，对现场生产活动进行监督与管理。并能快速进行分析与判断，提出改进意见，促进生产活动的优化与改进，提升生产质量与效率。

三、数字技术在工业电气自动化中的应用前景

伴随着我国市场经济的不断发展，对工业自动化的需求也逐渐增多，数字化技术与工业自动化融合程度也在不断地提升。而我国数字化技术仍处于初期阶段，具有非常大的发展潜力。从现阶段我国发展的实际情况来看，将数字化技术应用于工业电气自动化领域，主要表现在以下两个方面。

第一，将数字化技术应用于企业管理层中，利用自动化技术的优势自上而下地进行渗透，使企业管理层可以随时对工业生产情况进行监督，并能按照企业的实际情况及时地对工业生产活动进行调整，使企业工业生产更加符合现代社会的需求。

第二，将数字化技术融入企业的电气自动化设备，从现阶段我国发展的实际情况来看，较为常见的就是人们会将执行器、外局域网等结合使用，辅助相关技术人员更好地对工业自动化生产活动进行控制。

四、数字技术在工业电气自动化中的应用创新

数字化技术能够在极大地提升现阶段工业电气自动化的生产质量，但是现

阶段我国数字技术发展仍处于较低水平，其在实际应用中仍存在着较多的不足，将其应用于工业电气自动化发展过程中仍具有较多的缺陷。故而，要想使数字技术在工业电气自动化发展过程中发挥更大的效用，人们需要不断进行改进与创新。

（一）GOOSE 与虚端子概念的引入

GOOSE 与虚端子理论是现阶段我国数字技术的一个重大突破。在实际应用的过程中，能通过二次回路的改善，提升信号处理质量；在使用的过程中，能使工程调试更加便利，降低工业自动化调试的难度。

（二）智能终端的引入

我国工业电气自动化在实际发展的过程中，应积极地引入智能终端。采用智能化终端，能更好地进行数据传递。如在使用的过程中，能通过数据的传递辅助计算机对自动化情况进行分析与判断，进而保护跳闸。智能化技术可以与人工配合，为工业自动化生产提供双重保障，降低工业自动化生产的危险性。

第三节 人工智能技术在电气自动化控制中的应用

电气自动化控制给社会生活和生产带来了诸多便利，极大地推动了社会生产力的发展。当前我国社会进入发展的新时期，必须扩大人工智能技术在电气自动化控制中的应用范围，不断改进工业领域的生产程序，提高全行业的生产效率和产品质量，对人事管理制度、人力资源配置等重新进行规划，保证我国电气工业系统运行稳定，提升工业的产值和收益。

人工智能技术是以信息技术和网络技术为基础的，随着社会生产力的极大提高，人工智能技术在越来越多的领域得到了推广和使用。在以往传统的工业生产中，由于人力和生产力的局限性，无法满足人们对物质层面的质量需求，这也成为当前电气产业发展的目标和自我要求。因此，如何在当前社会通过技术改进提高工业生产的产能是我们应当思考和研究的问题。必须将人工智能技术和电气自动化控制完美结合起来，推动社会经济不断发展。

一、人工智能技术的优势

（一）适应性较强

传统的电气控制以单路控制和线性控制方式为主，这要求工作人员严格依照系统制定的对象，开展具体的操作控制工作。然而这种控制方式在实际的应用中，虽然能达到特定的工作目标，但其针对性较强，往往只能对某种特定产品展开实际操作，这使传统的电气控制方式无法对其他同类产品或非同类产品进行控制，效率低下。在人工智能技术的帮助下，系统控制将改变单路路线控制方式，采用非线性的变结构控制方式，可以面对复杂多变的制造环境，会根据不同的产品，灵活运用控制方式，具有便捷性和可操作性。人工智能的电气控制方式，能随应用环境的变化而调整，具有更强的实用性，更符合当前企业生产环境和实际需求。

（二）操作方式相对简单

传统的电气控制系统操作对工作人员的个人能力提出了较高的要求。工作人员需要对相关电气设备的具体信息进行深入细致的了解，以不仅需要工作人员具有丰富的工作经验，还需要花费大量的时间、精力开展调试工作。在人工智能技术的帮助下，这种复杂的操作模式将变得相对简单，这是由于人工智能技术可以借助可视化系统，对电气系统展开控制，技术人员可以直观地分析控制系统的具体问题。这种操作模式不需要工作人员具备较强的专业能力。在进行参数调节时，工作人员不需要通过反复尝试来达成工作目标，只需利用计算机开展模拟操作，就可以取得精准度相对较高、符合工作需要的数据。同时，这一系统的操作界面也更加人性化，便捷性大大增强，符合人们操作的逻辑。

不难看出，在当前形势下开展系统调整十分必要。在计算机的帮助下，工作人员可以实现精准计算，使计算机展开自动工作，从而实现随时准确提取相关数据的工作目标。

（三）抗干扰能力较强

由于人工智能技术应用到电气自动控制系统中，大大提升了系统稳定性。同时，电气自动化控制系统对外界干扰的抵抗能力将有效提升，有助于系统及时获取相关数据信息，实现高效调节。对于突发干扰因素，系统能自动识别并且排除，这就为参数信息的迅速准确传输提供了保障，也将维持系统的正常运行。在这种技术加持下，系统运行误差将大大减少，并且在这一技术的持续进步和普遍应用下，其应用前景也将更加广阔。

（四）精度和可控性高

利用现代信息技术对人工智能进行调控，可以使现代信息技术在电气自动化控制的过程中具有更高的精度和可控性。例如，在对外界环境进行识别的过程中，人工智能中的机器视觉与传感器结合，使其能在控制的过程中对微结构的观测、定位更加精准，同时在拟合外界物体的轮廓时可以具有更高的精度。再者，在一些大型电气自动化控制设备中，常会由于设备老化、破损导致危险，人工智能可以进行实时检测和调控，从而减少危险事故的发生。在由电气系统控制的一些进给机构中，例如滚珠丝杠螺母副，或者液压泵等，单纯由电气系统进行控制时，控制精度较低，加工出来的零件满足不了使用要求。例如，在一些车床上的进给装置仍是手摇驱动，效率低，产品的精度也差。即使在一些自动化的机床上，由于零件安装误差、对刀误差，加工出的零件精度达不到要求，同时还存在加工检测机制不完善，加工过程不可控的问题。人工智能的引入，可以补偿一些由于人为因素造成的误差，同时在加工的过程中对刀具的路径轨迹进行实时检测、反馈和修正，保证了零件的加工精度。

二、人工智能在电气自动化控制中的应用策略

（一）智能化设备操作系统

现代工业涉及的机械多种多样，操作往往较为复杂。因此，若完全采用传统的模式进行生产就可能给工作人员造成很大的压力。在操作之前，可能还需要经过培训，并且人工操作主观性强，经常会出现操作失误，给生产企业带来经济损失。

在电气行业生产的过程中，工作人员可以加入人工智能技术，将工业生产的操作流程进行精简和调整，从系统化和平台化的视角打造现代新型智能化生产控制系统。工作人员可以根据生产情况设置操作程序，规定电气设备运行的外部环境，对系统进行智能化控制，及时进行机械设备的参数调整，以满足当前的生产需求。当整个电气设备运行系统进入智能化状态时，就可以省时省力，大大提高工业系统操作的效率。

除此之外，随着当前信息技术的不断发展，人工智能技术也在不断地改进，电气生产行业中的人员从业素质也在不断提升，越来越多的生产企业更新了经营思想，实现了电气控制系统的智能优化，也为智能设备的发展提供了人才和技术支持。

（二）智能化设备故障管理

在电气自动化控制中，故障管理是非常重要的环节。电气系统和电气设备若要获得安全稳定的运行环境，就必须注重对故障和问题的监测，及时发现工业设备在运转过程中出现的异常情况，做出应对和处理。

在以往的电气自动化生产中，由于设备老化和日常养护不到位等，机器在运转过程中经常会出现这样或那样的故障，而传统的故障检测设备灵敏度不高，不能及时准确地预测和判断故障，同时得出的数据也缺乏科学性和参考性。复杂的诊断步骤和流程影响了机械的检修效率，最终影响工业企业的经济效益。

人工智能技术参与电气自动化控制，能有效提高故障检测的能力，通过人

工智能技术对工业设备当前的运行状态和工作模式进行预测和调整。特别是人工智能的模糊理论、检测技术可以很好地做到防患于未然，大大提升电气设备的故障反应效率，为及时处理问题、避免损失赢得了时间。在智能化的故障检测中，人工智能技术可以通过强大的数据录入系统对电气设备生产的各个环节进行监测，便于工作人员及时分析数据，对工业器械运转过程中的数据波动和故障风险进行预判。工作人员可以根据这些参数精准地定位问题，分析故障产生的原因，节省了大规模排查的时间，节约了人力、物力，提高了现代工业生产当中的自动化控制水平，降低了作业难度，降低了故障发生率，有助于电气设备更加安全地运行，保障电气设备在稳定的环境中实现高效生产，提高企业的经济效益。

（三）智能化自动控制的实现

随着现代社会需求的不断提升，电气设备的运行负担也逐渐增加。若要实现高效安全的电气智能化生产，必须将人工智能技术成功地运用在电气自动化控制系统当中，使工作人员能通过人工智能技术对电气自动化生产过程中的每一个环节进行精准的控制，这样才能使人工智能技术全面服务于电气自动化控制生产。

因此，工作人员必须充分利用人工智能技术中的模糊控制和神经网络控制两个功能，将人工智能技术与电气控制结合，使电气自动化控制实现智能化的飞跃，在生产过程中体现出高效性和科学性。在人工智能的模糊逻辑技术中，智能系统可以模拟人脑的思维，对数据进行检索控制，横向扩大对故障的检测范围，提升电气自动化生产全过程的监控质量，也可以通过智能化的神经网络系统，加快对生产信息和参数的处理，打造科学的人工谐波模型，优化生产系统，使电气生产的安全性得到极大的提高，优化工作方法和工作技术，实现电气自动化控制生产的演算控制，提高电气自动化控制的水平。

综上所述，在电气自动化控制中，必须加强人工智能的推广和使用，改进生产技术，提高生产效率，减少误操作的风险，提高工业电气自动化生产的智能化水平，持续加强电气系统的智能化、自动化控制能力。

参考文献

[1] 马瑞，张宏力，卢丽俊.机械制造与技术应用 [M].长春：吉林科学技术出版社，2022.

[2] 李红梅，刘红华.机械加工工艺与技术研究 [M].昆明：云南大学出版社，2020.

[3] 李占君，王霞.现代机械制造技术及其应用研究 [M].长春：吉林科学技术出版社，2022.

[4] 李付有，李勃良，王建强.电气自动化技术及其应用研究 [M].长春：吉林大学出版社，2020.

[5] 王均佩.机械自动化与电气的创新研究 [M].长春：吉林科学技术出版社，2022.

[6] 崔井军,熊安平,刘佳鑫.机械设计制造及其自动化研究 [M].长春:吉林科学技术出版社，2022.

[7] 李俊涛.机械制造技术 [M].北京：北京理工大学出版社，2022.

[8] 宁艳梅，史连，胡葵.电气自动化控制技术研究 [M].长春：吉林科学技术出版社，2023.

[9] 黄力刚.机械制造自动化及先进制造技术研究 [M].北京：中国原子能出版社，2022.

[10] 魏曙光，程晓燕，郭理彬.人工智能在电气工程自动化中的应用探索 [M].重庆：重庆大学出版社，2020.

[11] 郭廷舜，滕刚，王胜华.电气自动化工程与电力技术 [M].汕头：汕头大学出版社，2021.

[12] 宋艳芳.机械设计制造及其自动化专业课程思政教学指南 [M].北京：经济科学出版社，2023.

[13] 喻洪平.机械制造技术基础 [M].重庆：重庆大学出版社，2021.

[14] 刘春瑞，司大滨，王建强.电气自动化控制技术与管理研究 [M].长春：吉林科学技术

出版社，2022.

[15] 赵昊东，周铭丽 . 机械制造与自动化控制研究 [M]. 北京：中国铁道出版社，2023.

[16] 杨明涛，杨洁，潘洁 . 机械自动化技术与特种设备管理 [M]. 汕头：汕头大学出版社，
2021.

[17] 陈建东，任海彬，毕伟 . 机械制造技术基础 [M]. 长春：吉林科学技术出版社，2022.

[18] 周智勇，王芸 . 机械制造工程与自动化应用 [M]. 长春：吉林科学技术出版社，2021.

[19] 鲁植雄 . 机械工程学科导论 [M]. 北京：机械工业出版社，2021.

[20] 焦艳梅 . 机械制造与自动化应用 [M]. 汕头：汕头大学出版社，2021.

[21] 李欣如 . 机械制造技术及其自动化研究 [M]. 延吉：延边大学出版社，2023.

[22] 连潇，曹巨华，李素斌 . 机械制造与机电工程 [M]. 汕头：汕头大学出版社，2021.

[23] 张停，闫玉玲，尹普 . 机械自动化与设备管理 [M]. 长春：吉林科学技术出版社，2021.